U0309314

紫禁城悦读

天子的食单

程子衿◎主编

故宫出版社

The Forbidden City Publishing House

引 言

　　《礼记·礼运》载："夫礼之初，始诸饮食。"在中国，礼与食关系密切，商周时期就已建立起一套相当完善的食礼制度。在一场筵席中，从肴馔的布置、食器饮器的摆放，到仆从上菜的姿式、食客的就座方位，以及饮食的先后顺序，也都有相关礼数规定。尤其是在宫廷中，饮食行为并非仅有为满足口腹之欲的初始功能，因而其被赋予的礼仪功能就越发丰富和重要。

　　宫廷御膳所呈现的不仅是皇帝一人的味觉追求，其背后则涉及政治集权、朝贡体系、经济活动、社会风尚等诸多层面的问题。负责帝王膳食管理和筵席组织的食官，在《周礼》中被归入"天官"之列，地位仅次于宰官。秦汉时，掌膳食的光禄寺也是高居"九卿"之列。直至明清，食官的设置更是精细和审慎。

以擅调五味而辅佐商汤的伊尹，"负鼎俎，以滋味说汤，致于王道"。可见，饮食之道，于君，于民，都是大本大宗。

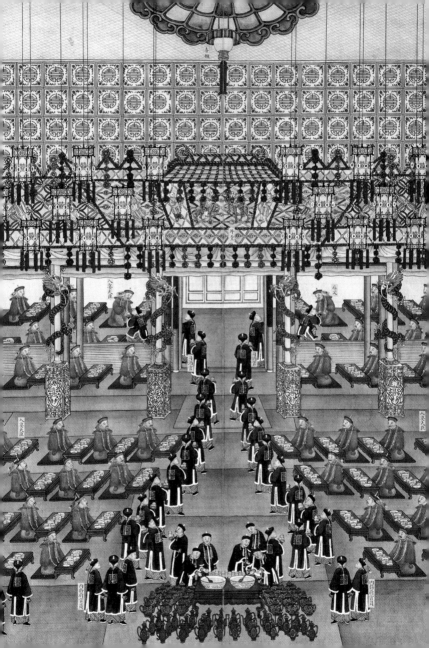

目 录

皇帝的餐桌——宋代宫廷饮食缕述 9

禁脔之思——从熹宗御膳看晚明食风 31

苏州菜与清宫御膳 61

除夕元旦清廷的国宴与家宴 81

野蔬风味亦堪嘉——巡守和狩猎途中的清帝膳食 107

清代御膳的养生之道 119

美食须美器——清宫藏御用饮食器皿 137

皇帝的餐桌

宋代宫廷饮食缕述

　　《射雕英雄传》第二十三回《大闹禁宫》中，洪七公重伤垂危，对两个徒儿郭靖和黄蓉道，还有一件心愿未了。二人本以为有甚么大事要做，不想洪七公只是想再吃一碗菜肴："我是想吃一碗大内御厨做的鸳鸯五珍脍。"原来，在第十二回中，有洪七公在临安御厨藏身三个月，吃遍宫廷美食的桥段："皇帝吃的菜每一样我先给他尝一尝，吃得好就整盘拿来，不好么，

五代　顾闳中　韩熙载夜宴图（局部）

就让皇帝小子自己吃去。"这是洪七公一生最为幸福的时光！多年之后的弥留之际，洪七公依然对其中的一味鸳鸯五珍脍念念不忘，竟成唯一的遗愿。此时老顽童周伯通亦在旁，遂道："我倒有个主意，咱们去把皇帝老儿的厨子揪出来，要他好好地做就是。"不想洪七公连连摇头："不成，做这味鸳鸯五珍脍，厨房里的家生、炭火、碗盏都是成套特制的，只要一件不合，味

道就不免差了点儿。咱们还是到皇宫里去吃的好。"洪七公在御厨中待足了三个月，自然深知宫内饮食之道，然其只是道出了宫廷饮食器具之独特。

饮食之道，器具固然重要，然刀火之间，关键在人与食材。宋代御厨下设太官署，掌供御之膳馐及内外饔饩割烹煎和素膳之事；珍馐署，掌供尚食及内外膳馐米面饴蜜枣豆百品之料；良酝署，掌造法糯酒常料之三等酒；掌醢署，掌供应醋及诸肉酱。另设内物料库、外物料库、都曲院、油醋库、奶酪院、御膳素厨、菜库东厨等，分司设职，名目繁多。终宋之世，御厨总人数维持在三百人左右。食材之选用，自是荟萃精华，"集四海之珍奇，皆为市场；会寰区之异味，悉为庖厨"。每一道宫廷菜肴的诞生，从原料的采择，到食材的加工，再到酒水的酿制、食物的烹调，都是在一系列食材流转和人员协同下完成的。脱离了任何一个环节，食物链条都可能断裂，美味将成变味。所以，洪七公入宫偷食而非宫外私制的选择，是非常明智的。

鸳鸯五珍脍，于史无载，只在南宋清河郡王张俊供奉宋高宗的食单上有"五珍脍"的菜品，却没有做法的介绍，不知此脍是否彼脍。今日一些杭帮菜馆以五种肉类拼凑而加以附会，殊不可信。然此菜品作为宋代宫廷饮食的一个象征，庶几当然。首先，宋代人好吃，至今脍炙人口的开门七件事"柴米油盐酱醋茶"，就出自南宋吴自牧的《梦粱录》，饮食已提升至生活哲学的高度。其次，宋朝人会吃，美国学者尤金·N. 安德森在《中国食物》中艳羡地指出："中国伟大的烹饪出于宋朝。宋朝美食有煎、炒、烹、炸、烧、烤、炖、熘、爆、煸、蒸、煮、拌、泡、涮等不下几十种做法，宋朝真不愧是美食的天堂！"所以，这样的时代熏陶出鸳鸯五珍脍这样的武侠奇菜和洪七公这样的第一武侠美食家，绝非金庸先生的向壁虚构。

不过幸好，洪七公生活的是南宋末期，若是在北宋前期的御厨中呆上三个月，恐怕是要"嘴巴淡出个鸟儿"来了。

宋人重祖宗之法，饮食虽属小道，却亦含其中："祖宗旧制：不得取食味于四方。"该家法还一度被提升至治国理政的高度："饮食不贵异味，御厨止用羊肉，此皆祖宗家法，所以致太平者。"在祖宗垂范和家法约束之下，唐朝宫廷那种"紫驼之峰出翠釜，水精之盘行素鳞"的奢侈排场已难再复，以至于我们在翻检北宋前期宫廷饮食的史料时，常常要为这时的皇帝们倍感憋屈。据《宋史·仁宗本纪》，仁宗半夜饥饿，思食烧羊，却不敢命御厨制备，以免成为常例而害物，宁愿忍饿到天明。历代皇帝多有借饮食以作秀者，仁宗却非此类，是真正谨奉俭食的祖训。邵伯温《闻见后录》记另一事曰：

仁皇帝内宴，十门分各进馔。有新蟹一品，二十八枚。帝曰："吾尚未尝，枚直几钱？"左右对："直一千。"帝不悦，曰："数戒汝辈无侈靡，一下箸为钱二十八千，吾不忍也。"置不食。

五代　顾闳中　韩熙载夜宴图（局部）

　　就连仁宗曹皇后想做一道糟淮白鱼，宁可拉下脸面向大臣夫人讨取食材，也不去利用皇权加以罗致：

　　文靖夫人因内朝皇后曰："上好食糟淮白鱼。祖宗旧制：不得取食味于四方，无从可致。相公家寿州，当有之。"夫人归，欲以十奁为献。公见问，之夫人告以故。公曰："两奁可耳。"夫人曰："以备玉食，何惜也？"公怅然曰："玉食所无之物，人臣之家安得有十奁也！"

　　日日精敲细算，诚惶诚恐，御膳所储食材尚不及臣下，皇帝做到仁宗这个份儿上，也当真是不易的了。

　　这般清苦的生活中，唯一可做慰藉的，当属羊肉。自先秦起，羊肉便属贵族饮食。《国语·楚语下》载观射父语曰："天子食太牢，牛羊豕三牲俱全，诸侯食牛，卿食羊，大夫食豕，士食鱼炙，庶人食菜。"《礼记·王制》也说："诸侯无故不杀牛，大夫无故不杀羊，士无故不杀犬豕，庶人无故不食珍。"可知，牛羊肉是高大上的肉食，常人难得企及。而天水一朝鉴于牛耕的缘故禁止屠牛食肉，所以羊肉便成为了肉中至尊。拘束饮食的祖宗之法虽禁异味，却对羊肉法外开恩，"饮食不贵异味，御厨只登羊肉"，故而宫廷的口舌之欲多靠羊肉打点。

　　宋人对羊肉的极度嗜好，可谓时代特色。王安石解"美"字从羊、从大，谓羊之大者方为美，而东坡亦有"剪毛胡羊大如马，谁记鹿角腥盘筵"之句，黄庭坚亦谓其"软烂则宜老人，丰洁则称佳客"。官修的《政和本草》把羊肉与人参并列，"人参补气，羊肉补形"，多食之"补中益气，安心止惊，开胃健力，壮阳益肾"，堪称食疗佳品。所以，从庙堂之高到江湖之远，食羊之风极盛。而祖宗之法为羊肉特辟的宫廷准入，更为羊肉的食用提供了合理性。于是，宋代皇宫中便飘起了历久而清郁的羊膻之气。

据《续资治通鉴长编》记载，真宗"御厨岁费羊数万口"，《孔氏谈苑》说仁宗朝每日宰羊二百八十余只，神宗时的御厨账本记录的年羊肉消耗量为四十三万四千四百六十三斤四两，另有常支羊羔儿一十九口，日均消耗量约一千二百斤，不可谓不惊人。宋初，吴越王钱俶来朝，太祖令备南食，御厨不解南方食风，仓猝间又难以搜罗食材，遂取羊为醢，号"旋鲊"，结果大受欢迎，成为之后历次大宴的首菜。旋，言其快；鲊，原为腌制的鱼肉，而御厨师用做鱼的方法来做羊肉，竟创造性地发明出一道新菜品，可谓机缘巧合。至于烹羊之法，时人周煇曾以宗室姻亲的身份赴诏入宫，留意于庖馔之间，悟得"烂、热、少"三字："烂则易于咀嚼，热则不失香味，少则俾不属餍而饫后品。"五百年后，李渔撰《闲情偶寄》，亦有专章论此，所言大抵不脱，可知时光荏苒，舌尖滋味犹然。

建炎南渡之后，羊肉仍为宫廷主要肉食。据胡铨《经筵玉音问答》，孝宗曾为之摆过两次小宴，第一次首菜为"鼎煮羊羔"，第二次为"胡椒醋羊头"和"炕羊泡饭",且对后者赞不绝口,连称"炕羊甚美"。然而南渡之后,宋朝的立国态势由先前的头枕三河、面向西北,一变而为头枕东南、面向海洋,饮食格局也随之发生变化。北宋产羊以陕西为主,尤其冯翊县所出为贵,时称"膏嫩第一"。南宋时陕西尽入金人之手,羊价腾贵,至每斤九百钱,常人看在眼里,馋在心里,却难得一食,有好事者打油曰:"平江九百一斤羊,俸薄如何敢买尝。只把鱼虾充两膳,肚皮今作小鱼塘。"宫廷的供应量也相应减少,偌大的中宫仅日供一羊,还不时难以保障。羊肉短缺的口子需要其他食材补上,于是,海鲜便因地制宜地日益普遍起来,从而形成了南北混融的饮食结构。

南宋偏据东南,湖泊水网纵横,海洋贸易又极为发达,水产品的获得极为便利。仅以蟹为例,见诸《梦粱录》和《武林旧事》的菜品就有持螯供、洗手蟹、酒蟹、醉蟹、糖蟹、醋赤蟹、蟹羹、蟹生、五味酒酱蟹等数十种。宋孝宗就是一位蟹痴,有一次还因食蟹过多而患痢不止,幸得一位民间严姓郎中诊治才得以痊愈。而严郎中因此获赐一枚金杵臼,声名大振,时称"金杵臼严防御家"。今天杭州城内的严官巷,即得名于此。张俊宴请高宗的食单中有一品"螃蟹酿橙",赖林洪《山家清供》的记载,今日依然可以遥想其鲜美:"橙用黄、熟、大者,截顶,剜去穰,留少液。以蟹膏肉实其内,仍以带枝顶覆之。入小甑,用酒、醋、水蒸熟，用醋、盐供食，香而鲜，使人有新酒菊花、香橙螃蟹之兴。"蟹鲜、橙香彼此交融，风味之美，令人思之垂涎。另有一品经常出现在御宴上的"持螯供"："取其元烹，以清醋杂以葱、芹，仰之以脐，少俟其凝，人各举其一，痛饮大嚼，何异乎拍手浮于湖海之滨？"经过简单烹制的大蟹，依然裹挟着江湖之气，食之心气坦荡，犹如拍浮于湖海酒舟之中，不亦快哉！

宋代宫廷饮食的一大特点，就是宫外取食（时称宣唤、索唤）的普遍。原因有二。第一，北宋之汴京最称美食荟萃之地，能工巧厨云集，寰区食材毕至，酿出一个活色生香的饮食风情。南宋临安"效学汴京气象"，饮食品件、样式，乃至走街贩卒的吟叫百端，均一仍旧京风味，难怪南渡君臣"直把杭州作汴州"了；此外，又结合南食风味，创造出融会南北的饮食风格。所以，皇宫之外，自有一番千滋百味的美食世界存在。第二，宋代皇帝对于饮食具有极为自由包容的心态，既不像前代小心翼翼地遵循礼制，也不像后世战战兢兢地银针试毒。在宋代皇帝的眼中，食在四方，享用绚烂的美食才是最重要的。所以，他们吃的自由、洒脱，最有口福。

阮阅《诗话总龟》载宋真宗遣人到市场沽酒以宴赐群臣，仁宗也时常从饮食店买来佳肴。《东京梦华录》则记载了宣和年间市井供应御宴的盛景：

宣和年间，自十二月于酸枣门门上，如宣德门，元夜点照，门下亦置露台，南至宝箓宫，两边关扑买卖。晨晖门外设看位一所，前以荆棘围绕，周回约五七十步，都下卖鹌鹑骨饳儿、圆子馅拍、白肠、水晶鲙、科头细粉、旋炒栗子、银杏、盐豉汤、鸡段、金橘、橄榄、龙眼、荔枝诸般市合，团团密摆，准备御前索唤。

如此众多的商贩聚集在酸枣门等待御前索唤，可知宋廷宫外取食次数之频繁与购买规模之巨。

靖康之役后，大量汴京巧厨随军南下，来到杭州，并希望再次获得宫廷的瞩目："标杆十样卖糖……更有瑜石车子卖糖糜乳糕浇，俱曾经宣唤，皆效京师叫声。"事实证明，这些人的努力很快得到了宫廷的回应，高宗赵构就曾点名宣唤李婆婆杂菜羹、贺四酪面、脏三猪胰、胡饼、戈家甜食等数种，并因是京师旧人的关系，而各予厚赐。所以，宫外成市等待宣唤的景象一直延续到了杭州：和宁门"早市买卖，市井最盛。盖禁中诸阁分等位，宫娥早晚令黄院子收买食品下饭于此。凡饮食珍味，时新下饭，奇细蔬菜，品件不缺。遇有宣唤收买，即时

北宋　赵佶　文会图
绢本设色　纵 184.4 厘米　横 123.9 厘米
台北故宫博物院藏

南宋　佚名　春宴图卷
绢本设色　纵 23 厘米　横 573 厘米
故宫博物院藏

供进。如府宅贵家，欲会宾朋数十位，品件不下一二十件，随索随应，指挥办集，片时俱备，不缺一味"。和宁门市场的兴起，直接导源于宫内宣唤所需，可见宫廷与市场之有效衔接，与清朝的戒备森严形成了鲜明对比。据《梦粱录》载："杭城风俗，凡百货卖饮食之人，多是装饰车盖担儿，盘盒器皿新洁精巧，以耀人耳目……及因高宗南渡后，常宣唤买市，所以不敢苟简，食味亦不敢草率也。"市井间的撩人烟火透过重重宫禁，来到皇帝的餐桌之上，既丰富了宫廷的饮馔，又提升了民间饮食的品质，形成良性互动，可谓一举两得。

宋代草创之初，诸事尚俭，饮食亦颇为简约。宋太祖曾在福宁殿宴请平蜀归来的曹斌、潘美等将帅，所陈菜肴不过"麑肉斗酒"、"酒终设饭"而已。仁宗半夜思食烤羊的故事，也说明在客观的供需条件与主观的自我约束之下，北宋宫廷饮食长期保持着简朴之风。然而承平日久，文恬武嬉、骄奢淫逸的帝王病不可避免地滋长开来，到徽宗皇帝的"丰、亨、豫、大"而达至极致。庄绰《鸡肋编》云徽宗"常膳百品"，已远超其祖，而意犹不满。一日早点，曰"选饭朝来不喜餐，御厨空费八珍盘"，谓八珍罗列，而无下筷之处，可知饮食水准之高。食具、食材、氛围尤为讲究。太清宫设宴时"相视其所，曰：'于此设次，于此陈器皿，于此置尊罍，于此膳羞，于此乐舞。'出内府酒尊，宝器、琉璃、马瑙、水精、玻璃、翡翠玉，曰：'以此加爵。'

致四方美味，螺蛤虾鳜白、南海琼枝、东陵玉蕊，与海物唯错，曰："以此加荐……'"徽宗亲自指导宴设，是个行家。然而和高宗相比，只能算一小巫了。

中国历史上第一位留下姓氏的女性御厨师——刘娘子，就出自高宗御厨，传其"就案所治脯修，多如上意，宫中呼为尚食刘娘子"。高宗对饮食的要求极为苛刻，曾为了馄饨欠生而要杀掉厨师，幸得伶人以"饺子（甲子）生、饼子（丙子）生，与馄饨不熟同罪"的妙语解难。而最能代表高宗美食水准的，则是一份广纳一百九十六道菜品的食单。这张绍兴二十一年（1151 年）十月的食单，被周密录于《武林旧事》，记载着清河郡王张俊供奉高宗的一场豪宴。宋代宴席，分"初坐""歇坐"和"再坐"。初坐是宾客入门，吃些水果消乏，共分七轮。第一轮是绣花高饤八果垒一行八道，为"看菜"，仅供陈设，并不真吃。之后依次是：乐仙干果子义袋儿十二道、镂金香药十二道、雕花蜜煎十二道、砌香酸咸十二道、脯腊十道、垂手八道，初坐所用果脯计七十二道。初坐之后宾客下桌闲谈，为歇坐，再上桌为再坐。再坐首上果品六十六道：切时果八道、时新果子十道、雕花蜜煎十二道、砌香咸酸十二道、脯腊十道，之后才是正菜——"下酒"十五盏，每盏是两道菜，计三十道。另有插食八道，劝酒果子库十道，厨劝酒十道。对于每一道菜品，周密均一一详列其名，其间水陆杂陈，山珍海错，珍馐毕

南宋　佚名　春宴图卷（局部）

至，极为奢华，相较唐之烧尾宴、清之满汉全席，可略无愧色。此外，宴席中还有群臣、宗室和侍从195人，分为五等，享宴数十品至数品，各有差次。由此，这场宴席所涉菜品远逾千数，是当之无愧的豪门盛宴！

如果说这场豪宴仅属个例，那么，南宋陈世崇偶然得到的掌太子伙食的司膳内人所书《玉食批》，则毫无疑问地彰显着宫廷饮食的寻常图景，兹转录如下：

偶败箧中得上每日赐太子玉食批数纸，司膳内人所书也。如：酒醋三腰子、三鲜笋炒鹌子、烙润鸠子、燠石首鱼、土步辣羹、海盐蛇、鲊煎三色、鲊煎卧乌、鸠湖鱼、糊炒田鸡、鸡人字焙腰子、糊燠鲶鱼、蝤蛑签麂膊及浮助酒蟹、江蛑、青虾辣羹、燕鱼干、燠鳢鱼、酒醋蹄酥、片生豆腐、百宜羹、膝子炸白腰子、酒煎羊二牲醋脑子、清汁杂胘胡鱼、肚儿辣羹、酒炊淮白鱼之类。呜呼！受天下之奉，必先天下之忧，不然，素餐有愧，不特是贵家之暴殄。略举一二：如羊头签止取两翼，土步鱼止取两腮，以蝤蛑为签、为馄饨、为橙瓮，止取两螯，余悉弃之地，谓非贵人食。有取之，则曰："若辈真狗子也！"噫！其可一日不知菜味哉！

陈世崇任官于南宋晚期的理、度二朝，曾任东宫讲堂掌书，所以有机会一窥太子饮食的详况。《玉食批》中的糜烂饮食令人咋舌，这尚且是太子的情况，皇帝饮食想必更甚。以擅调五味而辅佐商汤的伊尹"负鼎俎，以滋味说汤，致于王道"，可知饮食与治国之间的一脉相通。纵观两宋宫廷饮食，时间越后，饮食越加豪奢，而国势却越加颓废。崖山之上，不知幼帝赵昺可能裹腹？思之不胜唏嘘。（惠冬）

禁脔之思

从熹宗御膳看晚明食风

有历史学者曾指出，人类的饮食行为绝对不只是"纯粹生物性"的行为而已，我们的心和脑都跟肠胃紧密相连。所以，饮食不只是生理活动，也是活跃的文化活动。以本文所述的明代晚期宫廷膳食而言，在食材取得、甄选处理、烹调方式、用餐礼仪，以及食品安全、用度开支等方面，就有着严格的规制和深厚的历史底蕴。台湾学者巫仁恕指出，表面上看，御膳呈现的是皇帝与菜肴的关系，但其背后则涉及百姓差役、农畜生产、征集体系、经济活动、政治制度等诸多层面的问题。换言之，这些摆设在帝王面前的佳肴，纯系透过帝国行政体系的食材供应，与宫廷膳食机构的采办制作所获致，他所享受的是全国独一无二的多样化饮食内容，与无以复加的物品用量，但这些菜肴却是皇室日常的饮食。

御膳与晚明的奢华食风

有明一代之御膳，并非一成不变的。从最初崇俭，到明中叶以降转趋奢华，实与晚明社会奢华风尚互为表里。晚明的奢侈风气中，饮食消费的奢华是一大特色。上层阶级宴会的奢侈消费更显突出，明人谢肇淛（1567 年 ~ 1624 年）在《五杂组》中就指出富家巨室的豪奢场面：

今之富家巨室，穷山之珍，竭水之错，南方之蛎房，北方之熊掌，东海之鳆炙（烤鲍鱼），西域之马奶，真昔人所谓富有小四海者，一筵之费，竭中家之产，不能办也。此以明得意，示豪举，则可矣，习以为常，不唯开子孙骄溢之门，亦恐折此生有限之福。

他又记载当时王侯阉宦饮食宴会的奢华：

孙承佑一宴，杀物千余，李德裕一羹，费至二万，蔡京嗜鹌子，日以千计，齐王好鸡跖，日进七十。江无畏日用鲫鱼三百，王黼库积雀鲊三楹。口腹之欲，残忍暴殄，至此极矣！今时王侯阉宦尚有此风。先大夫初至吉藩，遇宴一监司，主客三席耳，询庖人，用鹅一十八，鸡七十二，猪肉百五十斤，它物称是，良可笑也！

从引文中明显看到当时宴会的奢侈，尤可知肉食数量之大。晚明方志中有关风俗的记载，往往可以看到作者对饮食消费逐渐走向崇尚豪奢的叹息。饮食奢靡最为明显的地方，就是江南地区。据一些方志的记载显示，江南地区饮食奢侈大约起始自嘉靖年间。明代江南地方志中的《风俗志》经常提到当地宴会的场合，在明前期时不太讲究食材，菜肴种类不多，数量也不大，而到明中叶以后渐趋侈华的情形。如明人顾起元在《客座赘语》卷七记其外舅的回忆，云南京在明正统年间"请吃饭"的情景："如六人、八人，止用大八仙棹一张，肴止四大盘，四隅四小菜，不设果，酒用二大杯轮饮，棹中置一大碗，注水涤杯，更斟送次客，曰'汕碗'，午后散席。"再过20余年，"两人一席，设果肴七八器，亦巳刻入席，申末即去。至正德、嘉靖间，乃有设乐及劳厨人之事矣"。尤其是在大城市中的富家巨室，更是饮食奢华风尚的带领者，就像《客座赘语》卷五所记："嘉靖十年（1531年）以前，富厚之家，多谨礼法，居室不敢淫，饮食不敢过。后遂肆然无忌，服饰器用，宫室车马，僭拟不可言。"

在明中叶以后的皇家御膳，其奢华之风登峰造极。本来，明代初年，宫廷饮食尚俭。"御膳亦甚俭，唯奉先殿日进二膳，朔望日则用少牢。"初一、十五才用猪、羊肉改善饮食。明太祖对于宫内眷属的饮食生活也加以约束，规定如果亲王、后妃某日已经支取了一斤羊肉的话，当天就免支牛肉，或免支牛乳（李乐《见闻杂记》卷六）；明成祖也相当节俭，曾怒斥宦官用米喂鸡："此辈坐享膏粱，不知生民艰难，而暴殄天物不恤，论其一日养牲之费，当饥民一家之食，朕已禁戢之矣，尔等识之，自今敢有复尔，必罚不宥。"（余继登《典故纪闻》卷六）

逮至明中叶以后，风俗由俭入奢，皇家自不能免，御膳日益奢靡。据万历天启年间的沈德符言："常见一中贵卖一大第，止供上饔飧一日之需……赘御辈平居无策，唯以吏、兵二部为外府，居间之所得半充牙盘进献。"（《万历野获编》卷一《御膳》）

从御膳所用食材上，也可窥见明代宫廷饮食由俭趋奢的变化。明初的御膳肉肴多用豆腐及猪、鸡、鹅等家常畜禽。明中后期则多用山珍野味，即使是宦官、宫女等在饮食上也极其讲究。"多不以箪食瓢饮为美","凡宫眷内臣所用,皆炙煎炸厚味,但遇有病服药,多自己任意调治,不肯忌口"。宦官、宫女对精馔佳肴的极力追求,使身怀绝技的烹饪人员身价倍增,"其手段高者,每月工食可须数两,而零星赏赐不与焉……总之,宫眷所重者,善烹调之内官;而各衙门内臣所喜者,又手段高之厨役也"(刘若愚《酌中志》卷二十《饮食好尚纪略》)。沈德符《万历野获编》卷五《旋匠》亦称:"以善庖者为上等,并视其技之高下为值之低昂,其价昂者每月得银四五两。"

食口浩繁的明宫

明代宫廷是特殊的空间,在这里生活的是大明帝国的最高统治者,他的家属以及为他们服务的大量宦官宫女。清康熙皇帝曾说:"明季宫女九千人,内监至十万人,饭食不能遍及,日有饿死者。今则宫中不过四五百人而已。"有史载,李自成攻陷北京后,清理皇宫,"中珰七万人皆哗走"(文秉《烈皇小识》)。事实上,宦官有数万人还可以接受,数字达十万则恐怕太夸大了。

张鼐《宝日堂杂钞》抄录了明万历九年(1581年)正月的宫膳月折,从其中所录账目来看,其身份属皇家者,膳食均以"分"计;至于宦官、宫女人等,身份较高者以"位""分"

计，其余则以"桌"计。统计宦官、宫女（含婆婆）以"位""分"计者，则有三百六十一桌。以一桌十人计，数字为三千六百一十人。其他，还有一些内廷杂差净身人等，未记其分数或桌数，暂估以五千人。合计宦官、宫女，加起来不满一万人。若假设其他外朝官役的是二千人，宫膳所供应的人员，最多也才一万二千人。实际上，明代宫中的膳食人口，绝不至于高到五六万人或十万人以上。

　　不论如何，由于明代宫膳所供给的饭食人口，包括属于皇家奴婢的内侍、宫女、婆婆等，故其花费的数字甚大。据《大明会典》规定，负责采买御膳食材的光禄寺，每月必须将支出账目上呈御览，宫膳的费用自然也在呈报之列。《宝日堂杂钞》所载的膳食支出，会计账目分为两部分，前一部分支出银一万一千零四两七钱七分七厘六毫七丝六忽二微，后一部分则为银一千二百廿二两七钱七厘六毫九忽九微，两者合计为一万二千二百二十六两有余，平均每天为四百二十一两多。至于为何分为两部分，有可能前者是实际膳费，而后者乃是钦赏桌数银两。此据熹宗朝的宦官刘若愚所撰《酌中志》云：

　　凡在御前掌印、秉笔、管事、牌子、暖阁近侍，及外之内阁、文华、武英殿中书、画士桌儿银两，咸光禄寺职掌，用点簿关防缄封。每月酒饭一桌，折银十两有奇；半桌者，五月有奇。到每月晦，照钦赏数目，坐名颁给之。

　　从这一记载可以了解，在御前服侍的宦官与在紫禁城内出勤的官员等，每月会再赏给饭食银，这些银两是以折桌的方式，在每个月的月底发给。由此看来，明代皇帝对于在宫中服勤的相关人员，是有另一番照顾与体贴，也就因为如此，其相应的开支就很大。不过，平均每天四百二十一两多这个数字，比我们所见到的一些记载要少得多。清初，王世德曾回忆说："神宗以来，膳羞日费数千金。"（《崇祯遗录》）为何实际会计账目是每日四百多两，而笔记所言是数千两？或许后者并未接触到实际档案，故每每以讹传讹。其实，《宝日堂杂钞》的这个数额，与户科给事中光懋在万历五年（1577 年）所言的"今光禄月费万金"（《明神宗实录》卷六十），是差不多的。易言之，在晚明时，宫中膳食费用应该有一个定额，即一万两上下，除了崇尚节俭的崇祯皇帝外，这个费用数应该符合万历至天启的情况。

　　以下，我们不妨从明熹宗的御膳内容，聊兴禁脔之思！

《酌中志》与熹宗御膳

　　记载明熹宗天启皇帝的御膳，不可不提到刘若愚《酌中志》这本书。

　　刘若愚，原名刘时泰，南直隶定远（今安徽定远县）人，据《明史·刘若愚传》记载，他"十余岁便随先将军宦辽阳，寓三年"，16 岁时，他因感异梦而自施宫刑，从此"废儒业，读医书，习

清乾隆　铜直把纽"总管御饭房茶房之图记"
故宫博物院藏

养生家言"。万历二十九年（1601年），被选入宫，隶属司礼太监陈矩名下，归掌家太监常云管教。刘若愚爱学习，肯用功，迅速成长为一个熟悉礼制、长于书法的宦官。天启初年（1621年），宦官魏忠贤擅权专政，他的心腹太监李永贞任司礼监秉笔，因刘若愚擅长书法且博学多才，派其在内直房经管文书。"永贞粗通文墨，以若愚识典故，每事多咨访之，颇预闻其密谋。"天启七年（1627年），魏忠贤阉党事败，若愚被纠弹，谪充孝陵净军。崇祯元年（1628年），若愚被逮入狱，处斩监候。

　　身陷囹圄的刘若愚自感冤屈，遂发愤著书，"以柙楞代砚，以血泪和墨"，力陈事情原委以自明，并详细记述了自己在宫中数十年的所见所闻，撰成《酌中志》一书。《酌中志》著于狱中，起草于崇祯二年（1629年），成书于崇祯十一年（1638年），之后多有增补删改，大约至崇祯十四年（1641年）最后完成。

　　值得一提的是，明末吕毖曾选录《酌中志》的一部分（第十六卷至第二十卷），订为金、木、水、火、土五集，更名为《明宫史》，其中火集"饮食好尚"即《酌中志》卷二十"饮食好尚纪略"。《明宫史》《四库全书》均有收录。据载，该书是乾隆皇帝钦点入选其中的。乾隆皇帝曾在内殿丛编中捡逢是帙，"特命缮录斯编，登诸册府"。不过，乾隆之所以重视《明宫史》，乃是因为它"著前代乱亡之所自，以昭示无穷……盖时代弥近，资考镜者弥切也"，要人警惕宦祸，而非"徒以雕华浮艳，为藏弃之富也"。事实上，乾隆皇帝和编修《四库全书》的大臣们，对于《明宫史》的内容并不看好，认为："其书叙述当时宫殿楼台、服食宴乐及宫闱诸杂事，大抵冗碎猥鄙，不足据为典要。至于'内监职掌'条内称'司礼监掌印秉笔，秩尊视元辅，权重视总宪'云云，尤为悖妄。"但依现在的眼光看，这种说法并不公允。刘若愚的记事，自有其重要的史料价值，尤为难得的是，由于作者刘若愚是太监，他17岁入宫，43岁出宫，在宫廷内生活多年（中间有几年曾暂时离开宫廷），对于宫廷内的生活十分熟悉，才有可能长期看到宫廷内幕；又由于是太监的著作，才有可能写出和文士着眼不同的东西；而且撰述的目的在替自己喊冤，才有可能自由取材而有异于奉旨的著作。更重要的是，刘若愚有较为强烈的翔实记述的自觉意识。一方面，他追求记述的真实性，"谨以见闻最真，庶可传信"。另一方面，他又很清楚自己"平日所稔知者"，恰"非四方所能晓"，记述下来可"用识异闻，亦考世间俗之一端"，他甚至希望有人通过阅读他的著述能够对饮食之道有所体悟，所谓"倘披阅之，或亦兴尝禁脔之思"（《酌中志·自序》）。

因此，《酌中志》就自然而然地给后人留下了一般著作中所看不到的一些历史数据。著名的明史学者谢国桢先生就认为其所记"皆记有本原，可资考证"，肯定了该书内容的可信性。

　　记述之翔实，最明显地体现在饮食方面。一方面，刘若愚几乎对所有节日里的饮食都进行了记录；另一方面，他往往不厌其烦地列举节日饮食的名目，有时对饮食的意义、如何食用加以解释，甚至将制作方法也记述下来。如此，我们可以从《酌中志》里，了解到天启皇帝御膳之点滴。

御膳菜肴的季节色彩

　　必须指出的是，和其他明朝皇帝一样，熹宗的御膳菜色常伴随着季节而有所变化。刘若愚回忆天启宫中饮食时说，正月所崇尚的是冬笋、银鱼、鸽蛋、麻辣活兔，塞外之黄鼠、半翅鹖鸡，江南之蜜罗柑、凤尾橘、漳州橘、橄榄、小金橘、风菱、脆藕，西山之苹果、软子石榴之属，及"水下活虾之类，不可胜计"。至于本地的食品，则有烧鹅、烧鸡、烧鸭、烧猪肉、泠片羊尾、爆炒羊肚、猪灌肠、大小套肠、带油腰子、羊双肠、猪臂肉、黄颖管儿、脆团子、烧笋鹅、爆腌鹅、爆腌鸡、爆腌鸭、炸鱼、柳蒸煎燻鱼、炸铁脚雀、卤煮鹌鹑、鸡醢汤、米烂汤、八宝攒汤、羊肉猪肉包、枣泥卷、糊油蒸饼、乳饼、奶皮、烩羊头、糟腌猪蹄、猪尾、猪耳、猪舌、鸡肶、鸡掌。素蔬则滇南之鸡枞菌，五台之天花菜、羊肚菜、鸡腿蘑菇、银盘蘑菇，东海的石花、海白菜、龙须、海带、鹿角、紫菜，江南乌笋、糟笋、香蕈，辽东之松子，蓟北的黄花金针，北京所产之土药、土豆，南京的苔菜、糟笋，武当之鹰嘴笋、黄精、黑精，北山之榛、栗、梨、枣、核桃、黄连、芽木兰、芽蕨菜、蔓菁，又不可胜计。茶则六安、松萝、天池、绍兴芥茶、径山茶、虎丘茶也。

　　这里共列举正月崇尚饮食的名目约 80 余种，可见食材极为广博。犹有进者，每一个月份和节日都有特定食品和饮品。如二月食河豚、饮芦芽汤、吃桃花鲊，二月二吃煎枣糕、煎饼。三月吃烧笋鹅、凉饼、糍巴、雄鸭腰子。四月吃笋鸡、白煮猪肉、包儿饭，四月八日吃"不落夹"，四月二十八日吃白酒、冰水

明　嘉靖款剔彩莲塘龙舟纹荷叶式盘　故宫博物院藏

酪、“稔转”（取新麦穗煮熟，剁去芒壳，磨成细条食之）。五月吃马齿苋，端午节饮朱砂、雄黄、菖蒲酒，吃粽子和加蒜过水面；夏至伏日吃“长命菜”。六月嚼莲藕芽、吃莲蓬、莲藕，六月初六吃过水面，嚼“银苗菜”。七月吃鲥鱼为盛会，七月十五吃佛波罗蜜。八月吃螃蟹，八月十五吃月饼、瓜果。九月初一起开始吃花糕，重阳节吃迎霜麻辣兔、饮菊花酒。十月初四日吃羊肉、炮焰燲（炒）羊肚、麻辣兔以及虎眼等各样细糖。又自这个月起，开始吃牛乳、乳饼、奶皮、奶窝、酥糕、鲍螺，直至春二月方止。十一月则吃糟腌猪蹄、猪尾、鹅脆掌，吃羊

明　剔彩开光花鸟图长方委角盘　故宫博物院藏

肉包、扁食馄饨。腊月自初一日起，便取猪腌肉、吃灌肠、油渣卤煮猪头、烩羊头、爆炒羊肚、炸铁脚小雀，加鸡子清蒸牛白、酒糟蚶、糟蟹、炸银鱼、醋溜鲜鲫鱼、鲤鱼，腊八日吃腊八粥等（《酌中志》卷二十《饮食好尚纪略》）。这种以月份为单元，既记述节日饮食好尚，又记述节日以外饮食好尚的做法，描摹出明代宫廷之饮食生活的节奏。

据《酌中志》卷十六《内府衙门职掌》载，宫中这些食材来源途径有三。一是各地贡奉。如"顺天府岁供糯米十五石五斗，永平府岁供红枣一万五千五百七十斤"。上贡之品多为当地的土特精品，由于路途遥远或上贡数量较大，明代的贡品也有变质粗劣者，如湖广所贡的鱼鲊，因所贡数量较多，质量难以保证。二是司苑局、上林苑、林衡署、蕃毓署、嘉蔬署、良牧署等内廷机构生产。如上林苑在北京东安门外有菜厂一处，"是在京之外署也。职掌鹿、獐、兔、菜、西瓜、果子"。三是从市场上购买。明代的宦官与宫女多形成"对食"关系，宫女称所配者为"菜户"。"凡宫眷所饮食，皆本人菜户置买……凡煮饭之米，必捡簸整洁，而香油、甜酱、豆豉、酱油、醋，一应杂料，俱不惜重价自外置办入也"（《酌中志》卷二十《饮食好尚纪略》）。

鲥贡

《酌中志》载，天启年间，"七月食鲥鱼，为盛会，赏荷花，斗促织"。江南珍稀的鲥鱼属洄游性鱼类，大部分时间生活在海洋，每年春夏之交（农历三、四月左右）成群从海洋溯江而上产卵繁殖，后再回到海洋。幼鱼在淡水水域成长，四、五月之后，于末冬初随江潮游回大海。鲥鱼在中国出没水域分布于长江下游，钱塘江以及广东珠江水系。就长江下游而言，从南京以降到长江口是主要水域。雍正年间的《扬州府志》云："出江中四月间，取鲥鱼者金焦山下。"鲥鱼在春末夏初游入江河，但水域有别，各地渔民捕捞鲥鱼的时间不尽相同。明人姚旅深谙南京鱼产季节："今按秣陵物候，河豚以二月至，刀鲚以三月初至，鲥鱼以四月初至，皆有信候，不爽毫发。"（《露书》卷十）河豚、刀鲚与鲥鱼是长江下游著名水产，且鲥鱼出现南京水域约莫"四月初至"。杭州富春江水域也有鲥鱼，明末清初浙江慈溪人魏耕云："五月鲥鱼美，人间诚所稀。晶盘倾雪艳，犀筯厌膏肥。"（《雪翁诗集》卷七《鲥鱼》）鲥鱼在江南水域出现时间不尽相同，但共通点是鱼汛相当短暂，清人李光庭云："北地无鲥鱼。江乡亦唯四月有之，不过半月则无有矣。"（《乡言解颐》卷四《鲥鱼》）

鲥鱼在江南备受推崇，但离开此地"橘逾淮为枳"。明人陆容云："鲥鱼尤吴人所珍，而江西人以为瘟鱼。"（《菽园杂记》）

在传统中国物产流通有限的情况下，不同地区对于同物种的认识可能有极大差异。

事实上，明代以前鲥鱼就被人捕捞食用，滋味固然鲜美，但绝无坐拥鱼中贵品之实，充其量只是长江下游驰名的水产之一。明成祖迁都北京后，鲥鱼命运丕变，从寻常鱼类变成鱼中贵品，其关键因素便是"鲥贡制度"的运作。

明　嘉靖款五彩海马图盖罐　故宫博物院藏

罗马尼亚人米列斯库（1636 年～ 1708 年）所写的《中国漫记》是一本介绍 17 世纪中国的专著，书中提到明代南京捕鱼情况：

离城不远，大江捕鱼业极为旺，特别是在四、五月份，皇帝专门派了一名太监驻此，负责每周通过驿站向京城送鱼。虽然此地与京城相距有二千二百俄里之遥，但一站接一站，日夜兼程，第八天即可抵达。为了及时送到皇帝处，随时有人拉牵。

这是 17 世纪西方人旅次中国留下的记录（极可能是耳闻），描述明代南京捕鱼后火速运往北京的经过：首先是南京水域捕鱼，其次是太监驻守当地，最后是运送过程火速。文中数据未必准确，但可确定的是该文背景就是明代"鲥贡制度"。

根据《大明会典》与《明实录》记载，除了皇室诞辰、皇帝登基与相关册封仪式外，明代皇室一年中五次例常性的太庙祭祀，分别是一月、四月、七月、十月以及十二月，分别称为"春享""夏享""秋享""冬享"与"除日祭祀"。此外，明洪武元年（1368 年）《明史》卷五十一记载：

洪武元年（1368 年）定太庙月朔荐新仪物，四月，樱桃、梅、杏、鲥鱼、雉。

这里明白指出鲥鱼是四月份当令的"荐新仪物"之一。明永乐十九年（1421 年）正月初一迁都北京后，太庙亦移至北京皇城，但"荐新仪物"一仍旧惯，明政府遂成立鲜贡船运送江南贡物北上，利用长江以及京杭大运河交通之便将南方赋税及贵重物资运抵京城。明代贡品种类繁多，明万历年间倪涷《船政新书》卷三载：每年进京长差船一百只，运送"尚膳监起运鲜笋、内守备起运枇杷果、内官监起运竹器、尚膳监头起运鲥鱼、内官监起运杨梅"。这些食品供北京皇城不同机构使用，鲥鱼也名列其中。北京方面由明代十二监之一的尚膳监负责处理皇城内伙食，在南京方面由南京守备太监负责鲜贡船是否将鲥鱼安全运抵北京。

明代鲜贡船所载物品繁多且杂，但唯有鲥鱼的处理最为棘手，毕竟鲥鱼属生物贡品，从捕捞、汇整到运送均需大量时间与人力。自明成祖迁都后，为了提供一定数量新鲜鲥鱼祭祀太庙，明政府于旧都南京设"鲥鱼厂"，由南京守备太监掌管，统筹鲥鱼捕捞与运送。明进士且官至刑部侍郎的王樵曾载："黄船十余艘泊江口。鲥鱼以三月取，五月贡船始发，上下皆层冰覆藉之。"（《方麓集》卷十一）明人郎兆玉提到"捆载尽黄衣"，这与王樵提到的"黄船"，都说明运船漆成黄色并以黄布包捆鲥鱼乃供御用之途。

在贡鲜过程中，任何荐新食物均可晚到，唯独鲥鱼必须在五月十五日先于南京明孝陵祭祀朱元璋与皇后马氏，之后最迟在六月末运抵北京，以便赶赴七月一日祭祀太庙。就此，明人沈德符云：

鲜梅、枇杷、鲜笋、鲥鱼等物。然诸味尚可稍迟。惟鲜鲥则以五月十五日进于孝陵，始开船，限定六月末旬到京，以七月一日荐太庙，然后供御膳。

前文提到《酌中志》"七月食鲥鱼"反映，鲥鱼从四月在江南捕捞到七月的北京品尝，前后相距两三个月，除非藏冰足够且运送火速，否则包括皇帝在内的权贵人士很难吃到新鲜鲥鱼。

鲥鱼由鲜贡船运抵北京后，祭祀太庙，再供皇室品馔，最后由皇帝分赏辅臣。鲥鱼经过南京明孝陵之祭祀，又间关千里抵达北京，祭于太庙，得此荣光加持，真是"鲤跃龙门，身价百倍"。逐渐化身具"尊贵"意象之鱼品，京城官员皆以获赏鲥鱼为荣。明代官员获鲥鱼之后，经常题诗表达心意，大部分诗文也围绕在鲥鱼的尊贵意象上。熹宗朝官至户部尚书兼武英殿大学士的丁绍轼以《赐讲官鲥鱼恭纪》云：

闾阖氤氲帝祉新，冰厨传赐首儒臣。

银鳞入贡江乡远，玉脍亲承宠泽频。

岂有谟谋膺异眷，顿令芳馥饱殊珍。

愿持骨鲠酬明王，在藻更歌忆万春。

丁绍轼获赐鲥鱼，激动得说出"愿持骨鲠酬明王"来回报浩荡皇恩。

不过，鲥贡制度扰民耗力，从鲥鱼捕捞、汇整装束到运送过程沉苛，导致民怨四起。进入清代后，清初的皇帝考虑明清之际兵燹倥偬，亟思与民休息，此时鲥贡制度开始受到检讨。康熙年间被敕令禁止，但一直等到乾隆初年才被完全禁止。然而，历经三百多年的鲥贡洗礼，不论在江南、北京以及鲥贡经过地区，鲥鱼之尊贵印象已深烙人心。清代鲥贡停止后，每年四、五月长江下游仍可见渔民捕捞鲥鱼，成为地方百姓相互馈赠的无上礼品。

乳娘客氏的味道

《酌中志》载宫中正月下雪时的饮食时，提到"先帝"（指熹宗）的饮食嗜好：

明　孔雀绿釉碗　故宫博物院藏

凡遇雪，则暖室赏梅，吃炙羊肉、羊肉包、浑酒、牛乳。先帝最喜用炙蛤蜊、炒鲜虾、田鸡腿及笋鸡脯，又海参、鳆鱼、鲨鱼筋、肥鸡、猪蹄筋共烩一处，恒喜用焉。

这里提到的几道菜：炙蛤蜊、炒鲜虾、田鸡腿、笋鸡脯，以及用海参、鳆鱼（即鲍鱼）、鲨鱼筋、肥鸡、猪蹄筋共烩的菜肴（类似今天的佛跳墙或粤菜中的鲍参翅汤），都是以前不曾闻见的。作家汪曾祺先生在《宋朝人的吃喝》一文末尾写道："遍检《东京梦华录》、《都城纪胜》、《西湖老人繁胜录》、《梦粱录》、《武林旧事》，都没有发现宋朝人吃海参、鱼翅、燕窝的记载。吃这种滋补性的高蛋白的海味，大概从明朝才开始。"

明万历　黄地绿龙碗　故宫博物院藏

斯说诚然！而熹宗深爱的这几道菜，正是出自其乳娘客氏的调和鼎鼐之功。熹宗的御膳，与先帝相比，最大的特点，要算是乳娘客氏的掌膳了。

大体而言，明代烹制御膳的机构是尚膳监，故御膳应由尚膳监的太监办理，但这并非一成不变的。在万历年间，就出现了体制外轮流办御膳的小组。事据孙承泽记载："神宗朝宫膳丰盛，列朝所未有，不支光禄寺钱粮。彼时内臣甚富，皆令轮流备办，以华侈相胜。"至崇祯朝禁止此事，乃又回归尚膳监备办（《春明梦余录》卷二十七）。又据《酌中志》卷十六指出，

明　鲜红釉印花云龙纹高足碗　故宫博物院藏

天启以前，圣上每日所进之膳，俱由司礼监掌印太监、秉笔太监、掌东厂太监二、三人轮办。这就是熹宗所谓的"外庖"。后来，熹宗的乳娘客氏成为小组的一员，享有办膳的特权。《酌中志》卷十四记其事云：

> 每日先帝所进之膳，皆客氏下内官造办，名曰"老太家膳"，圣意颇甘之焉。旧制司礼监掌印，掌东厂秉笔，大膳房遵照祖制，所造办之膳酒，乃只为具文备赏用而已，希进御也。初王体乾、宋晋、魏进忠三家，每月挨办膳。天启二年（1622 年），进忠改名忠贤。四年以后便是王体乾、魏忠贤、李永贞三家轮流办之，遇闰月则各四十日算之，唯客氏常川供办，共四家矣。每家经管造办膳羞掌家等官数十员，造酒醋酱等项并荤素各局外厨役将数百人，此紫禁城之外者。

崇祯年间，秦征兰《天启宫词》就曾咏及此事云："太家供膳备时珍，虾笋常鲜百味陈。"据其注，天启四年（1624 年）以后，办理御膳的是王体乾、魏忠贤、李永贞、客氏四人，而客氏所传进者，熹宗"性尤甘之"，宫中称之为"老太家膳"。以上提到的诸珍馐，都是熹宗所爱吃的菜肴，至于大膳房所进御膳，"以为具文，备钦赏而已"（秦征兰《天启宫词一百首》，见雷梦水辑《明宫词》）。由此看来，熹宗对乳娘客氏办的菜是有特别的感情。

客氏原是河北农妇，18 岁时，选入宫中成为熹宗朱由校的

明嘉靖　剔彩寿春图圆盒
故宫博物院藏

乳母，明熹宗即位后不到十天，就封她为"奉圣夫人"。又特旨允许客氏可以随时出宫回到私邸，而她的儿子侯国兴、弟弟客光先均封锦衣卫千户。后世的史料，每多记载客氏的私生活不检点，与魏忠贤对食，依仗明熹宗对她的眷顾，与魏忠贤勾结，作恶多端，人称"客魏"，把持朝政十余年，使宫内乌烟瘴气、天昏地暗。每逢生辰，熹宗一定会亲自去祝贺。她每一次出行，乘八抬大轿，排场都不亚于皇帝。出宫入宫，随行护卫达数百人，宫中内侍要跪叩迎送，清尘除道，戒严禁行，香烟缭绕，呼声震天。天启七年（1627年）十一月，思宗即位后，籍没宦官魏忠贤及客氏。魏忠贤上吊自杀，乾清宫牌子赵本岐奉命将客氏活活笞死于浣衣局，在净乐堂焚尸扬灰。她的儿子侯国兴、弟弟客光先同日斩首。

其实从熹宗的成长背景来观察，不难理解其对客氏的依恋与报答之情。熹宗曾言：

朕昔在襁褓，气禀清虚，赖奉圣夫人客氏事事劳苦，保卫恭勤。不幸皇妣蚤岁宾天，复面承顾托之重。凡朕起居燥湿，饥饱燠寒，皆奉圣夫人业业兢兢而节宣周慎，艰险备尝，历十六载。及皇考登极匝月，遽弃群臣，朕以冲龄并失怙恃。自缵承祖宗鸿绪，孑处于宫壸之中。复赖奉圣夫人倚毗调剂，苦更倍前。况又屡捐己俸，佐桥工、陵工，助军需、鼎建湖。想青宫凤绩曾成育渺躬，加以累次急公而懿德并懋。亘古至今，拥佑之勋，有谁足与比者？外廷臣庶那能尽知？简在朕心，于兹七载，盖未忍一刻忘也。今朝殿庆成，捷音迭奏，朕感今怀昔，嘉尚良深。诗不云乎："无德不报。"奉圣夫人可特加恩荫，用彰殊异。(《明熹宗实录》卷八十七"天启七年八月壬寅"条)

熹宗强调在他失怙恃之时，孤苦地长于宫中，一切生活有赖客氏照料。而客氏身为一位乳娘，推燥居湿，几代母职，长育之恩，着实令人为之动容。熹宗一句"外廷臣庶那能尽知"更道尽了他在情感上对客氏的依恋与报答。明乎此，亦可知熹宗之御膳，何以垂青于客氏之掌勺。

政治化下的御膳

在中国饮食史上，元代与清代的御膳均有民族特色，而明代若说有其特点的话，可能就是有平民吃的普通菜吧。推测起来，应该是明太祖怕子孙不知民间疾苦，故在御膳中排定民间粗食，要他们尝尝普通百姓吃的东西，于是变成祖宗家法的一部分。据清初宋起凤记载，崇祯皇帝用膳时，膳房按例会摆设一些粗菜，因此"民间时令小菜、小食亦毕集"。其中，小菜包括：苦菜根、苦菜叶、蒲公英、芦根、枣芽、蒲苗、蒜苔、苦瓜等；小点心如稷黍枣豆糕、仓粟小米糕、艾汁、杂豆、麦粥等。这些小菜、小点心，俱各依季节进呈，未曾中断。熹宗皇帝的御宴桌上，想必也陈列这些小菜吧。这是明代御膳菜色中，最具有制度性、且从未变更的部分。虽然此举在后来可能流于形式，但明代御膳兼具高级与一般两种菜色，的确是相当特殊的。就此而言，明太祖的出身及其思想观念，成为明代御膳文化的历史根源。

经历长期的积淀，明宫御膳之菜肴，早已是政治化下流于形式的产物，如熹宗每年七月桌上摆放的那盘鲥鱼。而每个皇帝在饮食上其实有自己个性化的偏好，其嗜好之物也未必考究。如明穆宗喜欢吃驴肠、吃果饼，在藩邸时就常常派人到东长安街去买果饼。崇祯帝则雅好燕窝羹，厨师们调制时非常小心细致，做好后先让负责人尝，再递尝五六人，参酌咸淡，然后进御。

明熹宗的餐桌上，有乳娘的味道，倒为那华而不实的御膳凭添几分人情味。（林驺文）

明　成化款斗彩鸡缸杯　故宫博物院藏

明　玉竹节式杯　故宫博物院藏

苏州菜与清宫御膳

苏州菜与宫廷的关系可以追溯到春秋时期，最早的记录就是《史记·刺客列传》中的专诸炙鱼，专诸为杀吴王僚而进的藏剑炙鱼就已经算是宫廷菜了。

明朝时苏州菜就已经进入宫廷，而且在明代的京城，请客吃苏州菜还是一种时尚。到了清代，准确地说是在乾隆朝，苏州菜迎来了自己的辉煌——全国各地的名菜佳肴都汇集在皇帝的宴桌上，但是像苏州菜这样以完整菜系出现在宫廷的，几乎没有。苏州菜完全进入宫廷御膳的体系之中，可以说是为清宫御膳带来了革新，在成就清宫御膳的同时也将中华美食推上了一个高峰。

苏州菜是怎样进入乾隆皇帝的视野并最终实现它自身飞跃的呢？苏州菜与清宫御膳到底存在着怎样的联系？中华大地菜系众多，为什么最终会是苏州菜得到乾隆皇帝的青睐？

挑动皇帝的味蕾——苏州织造官府菜

说到苏州菜进入清宫大内，我们要先从康熙皇帝说起。

康熙二十三年（1684 年）九月，康熙皇帝为了治河、导淮、济运，南巡视察淮安地区的水患防治工作。康熙皇帝先后进行了六次南巡，曾经四次住在苏州织造曹寅的家中。曹寅的母亲是康熙皇帝的奶妈，他本人又是康熙皇帝的伴读，受到超乎寻常的器重与恩宠是理所当然。曹寅以江南料理，即苏州织造官府菜招待康熙皇帝，结果大获成功。精巧的苏州菜敲开了来自北方的皇帝的味蕾，本身就倾心于汉族文化的康熙皇帝对苏州菜极其喜爱，据史料记载，康熙皇帝偏爱吃质地软滑、口味鲜美的清淡菜肴，而苏州菜恰恰符合这些特点，使得康熙皇帝回銮之后也是念念不忘。

继康熙皇帝之后，雍正皇帝崇尚节俭、勤政，对奢华饮食不是十分上心。与之相比，乾隆皇帝则对吃非常讲究。也许是受到自己最为崇拜的爷爷的影响，乾隆皇帝十分钟爱精致的苏州菜。乾隆皇帝效仿祖父南巡，驻跸苏州织造府时，每每都要品尝苏州织造官府菜，并频频赏赐苏州织造府官厨，最终还把官厨们带入宫中。此后，乾隆皇帝不论于宫中或出巡，均有苏州织造府的官厨们随从进奉御膳，皇宫中也设有苏州厨房——苏造（灶）铺，宫中有大量记录了苏州菜的历史档案，其中包括皇帝御膳档，还有《苏造底档》，甚至还有皇帝下旨设苏宴之档、苏州织造府官员奏折中的菜肴之档等，苏州菜在宫中备受欢迎，且达到一个前所未有的高度。

为皇帝掌勺的御厨——张东官

苏州织造官府菜的烹制者是不应该被忽略的，苏造铺的御厨中最具代表性的集大成者，就是张东官。

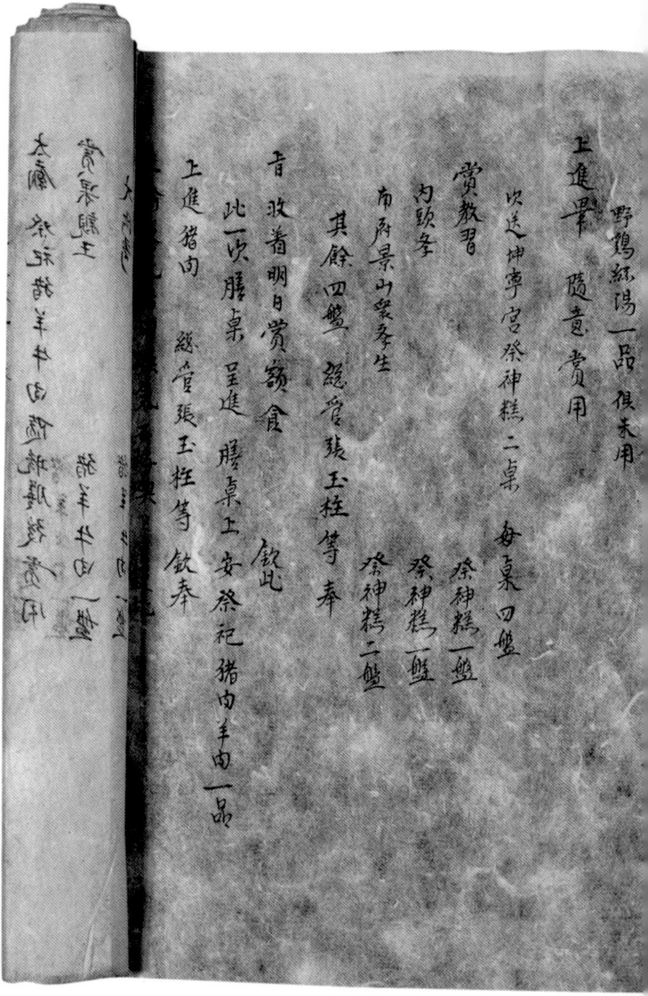

野鸡䊚湯一品　俱未用

上進畢　隨意賞用

收送坤寧宮祭神糕二桌　每桌刀盤

賞教習　祭神糕一盤

內領牟　祭神糕一盤

布房景山裹多牛　祭神糕二盤

其餘四盤　總管張玉柱等奉

音政着明日賞頒食

此一次膳桌呈進　膳桌上安祭祀豬肉羊肉一品

上進猪肉　總管張玉柱等欽奉

欽此

大席面

賞眾賜王

醬羊半由一盤

本廟祭品散羊半由盤瓶終賞例

癸祀牛一隻　按四分　分賞
十月初日未正

萬歲爺重華宮正誼明道東暖閣進晚膳用洋漆花膳桌擺

燕窩鷄絲香蕈火熏䐫白菜絲饟平安果一品

續八鮮一品

馳鍋玉一品　預腊一品

後送芽韭炒鹿脯絲

一品　炒羊肉一品

一品　炸椶羊肉一品

首一品黃盤　捆壼奶皮一品

一品　目砌　幹蜜一品　掛扯一品

小菜一品　南小菜一品　溪菜一品　桂花蘿蔔一品

从苏州织造府走进紫禁城

乾隆三十年（1765 年）正月十七日，54 岁的乾隆皇帝第四次下江南，住在苏州织造府中。苏州织造普福早就听说乾隆皇帝喜欢苏州菜，于是带着家厨张成、宋元和张东官赶到宝应去候驾，三位家厨备下"糯米鸭子一品、万年青炖肉一品、燕窝鸡丝一品、春笋糟鸡一品、鸭子火熏馅煎粘团一品、银葵花盒小菜一品、银碟小菜四品，随送粳米膳一品、菠菜鸡丝豆腐二品"等乾隆皇帝喜欢的菜肴，呈上龙船给皇帝当早膳。当晚，乾隆皇帝驻跸高邮，普福又让张成做"肥鸡安徽豆腐"，宋元做"燕笋糟肉"，张东官做"猪肉馅傍包子"进呈，自此之后，三位织造府家厨便成了乾隆皇帝的御用专厨。闰二月初一，乾隆皇帝一到苏州便传下口谕："太监胡世杰传赏普福家厨役张成、宋元、张东官每人一两银锞子二个。"闰二月二十四晚，太监常宁传赏苏州厨役张成、宋元、张东官每人一两重银锞子两个。

宫中的御厨是世代相传的，外人不能随便入职，这是宫中的规矩。推测就是在乾隆三十年（1765 年），乾隆皇帝将张东官带回北京，安排在长芦盐政西宁家中。张东官正式进宫当了一名御厨，官七品。此时的张东官达到了事业的巅峰，乾隆皇帝的每日膳单中第一道菜必署名为张东官。即便是乾隆皇帝居住在圆明园和避暑山庄等地时，也都由张东官备膳。

乾隆三十六年（1771 年），乾隆皇帝出巡山东，张东官进菜四品，其中的"冬笋炒鸡"甚得乾隆皇帝欢心，于是赏其一两重银锞子两个。乾隆四十三年（1778 年）七月到九月，乾隆皇帝出巡盛京，张东官随营供膳。七月二十二日，张东官进"猪肉缩砂馅煎馄饨""鸡丝肉丝油煸白菜""燕窝肥鸡丝""猪肉馅煎粘团"各一品，极为称旨，又赏银二两。乾隆四十八年（1783 年）正月初二，张东官进晚膳"燕窝烩五香鸭子热锅一品，燕窝肥鸡雏野鸡热锅一品"……

乾隆四十九年（1784 年），乾隆皇帝第六次南巡，70 多岁的张东官腿脚已不灵便，乾隆皇帝恩准他乘马随行。行至苏州灵岩寺行宫，乾隆皇帝经和珅、福隆安向苏州织造下旨："膳房做膳、苏州厨役张东官，因他年迈，腰腿疼痛，不能随往应艺矣。万岁爷驾幸到苏州之日，就让张东官家去，不用随往杭州。回銮之日，亦不必叫张东官随往京去。"乾隆皇帝终于放过了张东官，一代御厨得以善终。

精湛的厨艺改革清宫御膳

从乾隆三十年（1765 年）到乾隆四十九年（1784 年），整整十九年间，乾隆皇帝无论在宫中还是在圆明园，都由张东官供膳，就是出巡也带着张东官，而且赏赉颇丰。最绝的是，乾隆皇帝能品出张东官所烧菜肴的滋味。有一次张东官生病，不得已由他人代为掌勺，乾隆皇帝品后即道："此膳非张东官所做。"

　　能够得到乾隆皇帝这样大的恩宠，皆赖张东官为人机灵聪慧，能够揣摩乾隆皇帝的心思，不仅完成乾隆皇帝制定的菜品，还能推陈出新，因而得到乾隆皇帝的充分认可。

　　张东官凭借自己精湛的手艺，以苏州菜为根基，开始改良清宫御膳，为乾隆帝御膳添加了很多新式菜肴。比如苏造肉这道菜，可以说是清宫御膳的代表菜肴。其汤色红亮厚重，猪五花肉肥肉香甜软糯而不油腻，瘦肉酥烂入味而不发柴，汤头鲜美又不油腻，整道菜醇厚奇香。张东官的这道苏造肉，用老汤加丁香、官桂、甘草、砂仁、桂皮、蔻仁、肉桂等九味香料，

清　锡海棠式一品锅　故宫博物院藏

燕窝鸭丝

热锅鹿筋

山药酥肉

樱桃肉

调出秘制汤汁，将上好猪五花肉置于汤中，慢火煨制而成。九种香料按照春夏秋冬四季不同的节气，按照不同的数量配制，一年四季食用皆宜。开始这道菜并没有名字，是乾隆皇帝御赐"苏造肉"之名。

不仅是苏造肉，张东官还制作了"苏造鸡""苏造肘子"等，可称为"苏造系列"特色菜。另外，还有一些苏州家常菜新作，比如糖醋樱桃肉就是其中之一。可以说，张东官和他的苏州菜，奠定了现在我们普遍认可的清宫御膳的基础。

清　光绪三十四年（1908年）
10月份膳房办买肉斤鸡鸭清册
故宫博物院藏

把普通做到极致——精到的御膳

说到底，清宫御膳究竟是什么样的？是不是极尽奢华、极讲排场？其实，通过前面述及的苏州菜从江南走进宫廷、张东官由民间迈入皇宫并改革御膳，我们可以发现，其实清宫御膳并不神秘，概括起来就是一句话：普通，但是精到。

普通近人

第一次看到《清宫御膳档》时，你也许不会相信这竟然是皇帝的食谱。因为御膳中除燕窝外几乎都是老百姓平时吃的菜肴，就连菠菜豆腐汤、老咸菜都有，都是一些极为普通的食材。这和苏州菜的特点一样——不以名贵稀有的食材为原料。皇帝也是人，顿顿大鱼大肉也会腻。善于养生、终得长寿的乾隆皇帝更是注重营养膳食的均衡，吃的也很简单，但是应该摄取的营养都有保证。

清宫御膳并非是高不可攀的存在，其实现代人吃的很多名菜都是清宫御膳"飞入寻常百姓家"的产物。比如之前述及的苏造肉，后来就传入民间。当时的穷苦人吃不起肉，便将苏造肉的制作手法用到了便宜的猪内脏上，再就上火烧，这就是我们今天常吃的北京名小吃——卤煮火烧了。

高不可攀的存在，终将由于曲高和寡而消逝。清宫御膳，其实可以很普通，毕竟吃是人类最基本的生理需求之一，可以

重华宫御膳房外景
约摄于 20 世纪 20–50 年代。

重华宫御膳房内景
约摄于 20 世纪 20—50 年代。

重华宫御膳房内景
约摄于 20 世纪 20 年代。

重华宫御膳房内景
约摄于 20 世纪 20 年代。

吃饱、吃得健康是最主要的，如果在此之上能够达到赏心悦目，那就需要有些讲究了。

精益求精

清宫御膳的讲究很多，苏州织造官府菜能够走进宫廷，就是因为其十分讲究。首先其选材就极其讲究，包括食材的品种、产地、节令、时辰、鲜活、大小、部位以及采摘和屠宰方法等，都有具体要求，讲究"天时、地利、人和"——什么季节吃什么、吃地方的特产、针对人体需求来吃。其传统调料包括油、盐、酱、醋、酒、糖等，熬制各式的汤、卤汁和各类荤素调和油达十余种，使用搭配都有讲究，以冀叠味加鲜。苏州织造官府菜擅用葱、姜、蒜以增香、灭腥、去臊、除膻，烹饪调和之事臻于"精妙微纤，口弗能言，志不能喻"的美妙境界。制作同样要讲究，比如乾隆皇帝最喜欢吃的八宝鸭，并不是简单地把八样东西一起烹制就可以，而是要把鸭子整个去掉鸭骨，留下完整的可以实现"滴水不漏"的带有鸭肉的皮囊，清理后再填八样不同的食材，煮五个小时左右，出来还是一只完整和漂亮的鸭子，讲究酥烂但"不失其形"。

讲究，不仅仅是烹调的精细，还有其中反应出的那种人文气息，如绉纱馄饨。馄饨之形反映了中国人的哲学思想：馄饨皮是方的，象征"地"，中间的馅是破碎的一团，象征"气"，

苏州菜烹饪所用各种卤汁

烹调苏州菜所用油

清　银椭圆锅　故官博物院藏

古人有"天圆地方"的说法，馄饨包了馅就象征天地不分、天地相裹、天地相融的"混沌世界"。"绉纱"二字，又把丝绸文化融入其中。绉纱是丝绸产品的一种，绸料面是起绉的，有时有点半透明。绉纱馄饨把馄饨皮薄而半透明、隐约能见馅的特点十分形象地比喻出来，又显示了馄饨皮表面有绉折的特点。讲究的美味，佐之以讲究的外形，达到了一个完美的境界。

　　讲究，还包括另一方面，就是健康。乾隆皇帝喜欢吃鸭子，因为鸭肉属阴性。皇帝日理万机，难免焦躁体热，若进食生猛肉食，必然上火，引发高血压、心血管疾病。食鸭肉可以调和体内阴阳，达到身体康健的目的。再比如说樱桃肉，肉本身煮七八个小时后虽然入口而化，但上席时还是一块完整的肉，而且肉皮红亮，搭配精细的刀工切割，真宛若樱桃一般。其实，那一抹艳红的色泽得益于红曲粉。红曲可入药，汉代已有，医书上说吃了可以"轻身"，就是指人中风后身体笨重，而服用了红曲粉后症状会减轻。近年来药理学家发现，红曲入药，可降血脂、降血压。《本草纲目》记载有若干个含有红曲成分的治病良方。此外，红曲霉衍生物还有很强的抗氧化兼抗癌作用。把红曲引入菜点中，做到了"药食同源"、"上工治未病"，不仅使樱桃肉艳红漂亮给人愉悦以为养心，更防止了血脂和胆固醇在人体内沉淀以为养身。

　　苏州织造官府菜体现出的是苏州官厨们的真功夫，是精致的烹制、高雅的调味、美味的提炼。正如织造世家曹雪芹在《红楼梦》里写的"茄鲞"一般奢华、经典、光彩照人。苏州菜引领改革的清宫御膳，继承了这些特点，实现了中华饮食文化的升华。（周丹明、沙佩智）

除夕元旦清廷的
国宴与家宴

清代皇帝为"主席"的宴会，包括他以一国之君的身份宴请其臣下的国宴，以及他以一家之长的身份与家人的家宴。同时要举行国宴与家宴的时间节点只有新年这一节日，而在除夕要单独举办家宴，万寿节（皇帝生日）、皇帝大婚等，亦须单独举行国宴。

在此，让我们揭开历史的面纱，来追溯清代国宴与皇帝家宴的真容。

大哉国宴

清代国宴中有满席、汉席，但是分立而行。在皇宫内太和殿前举行的国宴，一定是满席；在宫外，比如皇帝临雍讲学后赐宴讲官，则用汉席。清代国宴中的满席又分为头等席、二等席，直到六等席，实际是六个等级；汉席则分为头等席、二等席、三等席以及上席、中席，没有下席，实际是五个等级。

中国古代以孝治天下，并且又有"事死如事生"的观念，所以，清廷国宴中的高等级筵席都是为死去的帝后祭祀时所设，而活着的人最高等级筵席就是太和殿等处举行的国宴，且只能用四等及以下的满席。四等席即元旦、万寿节、皇帝大婚、凯旋、公主成婚宴等用，五等席、六等席主要是用于宴请藩属国贡使，以及除夕赐下嫁外藩公主暨蒙古王公台吉等的筵宴。

国宴菜谱

先来看看元旦大节时，太和殿筵宴的四等满席。这是清廷最主要节日大宴的筵席，每席（即每张宴桌）包括：四色印子四盘（每盘四十个，每个重一两）；四色馅白皮方酥四盘（每盘四十个，每个重九钱）；四色白皮厚夹馅四盘（每盘四十个，每个重九钱）；鸡蛋印子一盘（计四十个，每个重九钱）；蜜印子一盘（计四十个，每个重一两）；合圆例饽饽二盘（每盘三十个，每个重一两二钱）；福禄马四碗（每碗四两）；鸳鸯瓜子四盘（每盘一斤八两）；红白馓枝（子）三盘（每盘四斤八两）。干果十二盘（龙眼、荔枝、干葡萄、桃仁、榛仁、冰糖、八宝糖、大缠、青梅、栗子、红枣、晒枣）。鲜果六盘，分别是苹果七个、黄梨七个、红梨七个、棠梨八个、波梨八个、鲜葡萄十二两，还包括一碟盐。即点心十八盘、瓜子四盘、馓子三盘、福禄马四碗、干果十二盘、鲜果六盘、盐一碟。另有小猪肉一盘、鹅肉一盘、羊肉一方（块）。

满席主要是以上点心为主，即吃点心喝奶茶，称之为“饽饽宴”。四等席以下才具有真正宴会的性质，才增加了猪、羊、鹅肉等，吃肉喝酒，称之为“酒席宴”。满族人筵席，包括皇家筵席，均是在一个宴会上分前后两个程序，即先饽饽宴，然后酒席宴。而元旦国宴上的酒席宴，每席有小猪一只、鹅一只，此外，国宴一次所有席位总共使用羊一百只。

清　庆宽　载湉大婚典礼全图册（局部）　故宫博物院藏

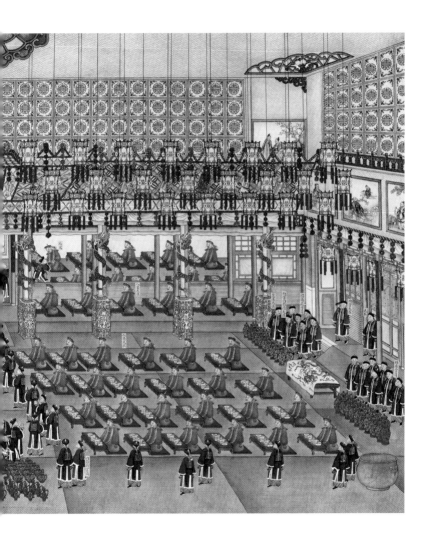

这个筵席的食谱，以国家的典制固定下来，真可谓"年年岁岁朝宫阙，岁岁年年宴相同"。能够参加这形式主义的国宴，并不是要得到什么饕餮大餐，而是要获得一份荣耀。

赴宴者的资格与义务

能获得这等荣耀的能有多少人？我们可以有个大体的估计：按乾隆三年（1738年）的规定，太和殿国宴规模是二百一十席。千万不要按今天筵席的模式去推想——一桌八人，岂不是要一千六百多人！清朝的国宴不是像现在这样的围坐圆桌，而是长条矮桌（古代的筵席都不是圆桌聚餐，而是长条桌分餐），官品高者一人一桌即称一席，其次是两人一桌，与宴官品级最低的则是三人一桌。这样算下来，实际上也就能有三四百人参加国宴而已。

入宴人员由谁来决定？席位如何安排呢？一场国宴的准备工作颇为繁杂：先由各机构衙门自行把与宴名单、人数报送到六部中的礼部（主管国家典礼的部门）；礼部汇总后进呈皇帝御览确定，然后再由礼部绘画出宴会席位位置图，按此图摆设席位。席位安排的原则主要是要强调皇帝至高无上的威严，以及官阶高下的区别。清初，只有皇帝的席位是在太和殿内地坪上的宝座前，而各个品级的大臣参加宴会均在太和殿以外。乾隆三十四年（1769年）开始规定一二品大臣各依班次列坐殿内与宴，此后又规定一二品世爵及侍卫等在丹陛上列坐，殿内安设一百零五席，檐下安设二席，丹陛安设四十三席，其余三品以下文武各官席位安设在丹墀下的凉棚内。嘉庆、道光朝以后随着国力的衰微，席位总数额有所减少。

清朝皇帝在举办国宴时，还有一个"高招"，那就是太和殿国宴的费用并非全部由国库负担，而是由有爵位的王公分担，只有皇帝所用御膳桌上的宴品由内务府备办。按规定，除了上述饽饽宴的点心等由光禄寺备办外，酒席宴需用的羊百只、酒百瓶，需由王公们按规定进献，如果当时的王公数较少，进献的羊与酒不达标，再由光禄寺负责增备。王公具体进献数目为：亲王每人进八席，郡王五席，均进羊三只、酒三瓶；贝勒进三席，贝子二席，均进羊二只、酒二瓶；入八分公进一席，羊一只、酒一瓶。羊都是大蒙古羊，酒是每瓶十斤。王公们进献的席面还要包括餐具，亲王每人进献的八席，其中有大席一桌，大席所用的餐具为银餐具，具体数目为：银盘碗四十五件、盛羊肉大银方一件、盛盐银碟一件。随席七桌，随席所用的餐具为铜餐具，具体数目为：每桌铜盘碗四十五件、大铜方一件、小铜碟一件。郡王每人进献五席，其中大席一桌，随席四桌，每桌的餐具种类、数目均与亲王所献相同。

这就是清朝皇帝的高明之处，让王公们出资备办酒席，无异于向他们宣告：大清王朝不是我皇帝一人的，也有你们的份

清人绘　弘历塞宴四事图　纵 320 厘米　横 560 厘米　故宫博物院藏

儿！你们要与我同心同德，巩固江山。清朝实行八旗制，而爵位中也有"入八分公"和"不入八分公"。按八旗制的最初原则，战利品要八等分归各旗，后来的"入八分公"和"不入八分公"就是为了区别是否有获得分配的权利。在对朝廷的贡献上，王公的权责是对等的，所以"入八分公"以上的王公得了战利品，自然要进献桌酒。这对于王公们而言，也增强了他们维系皇权的责任感与使命感。

在酒席宴之后，还要进行歌舞表演，最主要的是跳《庆隆舞》（清朝宫廷舞蹈中最具满族特点的舞蹈），由侍卫们模仿装扮满族先民艰苦创业的情状，亦即教化王公大臣们要为守护好大清江山矢志不渝。

就这样，清朝的各代皇帝，年复一年地在太和殿举行着雷同的元旦国宴，时间也恒久不变，即都在正午时分。

温情家宴

皇帝的家宴，则是充满了温情，它也会因皇帝个人的饮食喜好与性情而有所不同。

皇帝们都是妃嫔成群，子女甚多，日常皇帝难以与如此众多的家眷共同进膳。一则难以照顾周全，二则有些皇帝年长后纳进宫的妃子比皇帝年轻时纳进妃子所生的皇子还年少，年轻妃子与年长皇子之间没有血缘关系，可能出现各种非礼之事。

清　铜镀金松棚果罩
故宫博物院藏

清　金錾花福寿纹匙
故宫博物院藏

清　银荷叶式高足盘及局部
故宫博物院藏

清 填漆描金包角宴桌 故宫博物院藏

清　填漆宴桌　故宫博物院藏

所以，平日里皇帝一家人是分别进行餐饮的，皇帝后妃分别在自己的寝宫用膳，皇子、皇女也在自己的居所进餐。

但除夕与元旦是岁尾年头，一家人总要有个亲情的表达，所以，皇帝家也要举行家宴。尽管是家宴，但为了避免年长皇子与非生身妃嫔日后出现非礼行为，还是分成了男女眷两场。皇帝先在早餐时与妃嫔同宴，在晚餐时再与皇子们同宴。

家宴程序

除夕家宴，目前遗存的清宫档案记载比较详细的是乾隆二年（1737 年）的这一次。参加这次家宴的人数不多，因为乾隆皇帝刚刚继位不久，后妃都是原来他当皇子时的嫡福晋、侧福晋。这次家宴的宴桌摆设如下：

在乾清宫正中地坪上，摆着乾隆皇帝的金龙大宴桌，桌上从里向外摆放八行肴馔：第一行正中摆四座松棚果罩，里面盛着四样鲜果，两边各安一对花瓶，中间分别用五寸的金龙高足盘摆点心高头五品；第二行摆一字高头九品；第三行摆圆肩高头九品；第四行中间摆红雕漆果盒两副，果盒两边各摆用金龙小座碗盛的苏糕、鲍螺四品、果盅八品；第五行至第八行摆群膳、冷膳、热膳四十品，这些膳品都是用五寸的金盘盛装。靠近皇帝宝座处，正中摆着外套纸花筷套的象牙筷子一双、金匙一个，左边摆干湿点心四品、奶饼敖布哈一品、奶皮子一品，这些点心用五寸的黄瓷盘盛装。右边则摆着酱两样一品、酱小菜一品、水贝瓮菜一品、青酱一品，这四样调味品都用金碟盛装。

　　在皇帝金龙大宴桌的左侧地坪上，坐东面西摆着皇后的金龙宴桌。宴桌中间摆着花瓶，用头号金龙座碗盛放高头七品，用白里黄碗盛放的群膳三十二品，两边还摆着用五寸黄瓷盘盛放的干湿点心四品。

　　乾清宫地坪下，东西向一字排开五个宴桌。西边头桌为贵妃桌，二桌为纯妃桌，三桌为海贵人、裕常在桌；东边二桌为娴妃桌，三桌为嘉嫔、陈贵人桌。这五桌筵席每桌摆放有花瓶，

清　白玉碗　故宫博物院藏

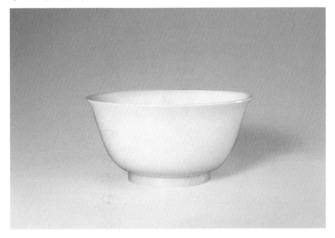

用紫漆座碗盛放的高头五品、群膳十五品、用紫龙黄碟盛放的干湿点心四品、银碟盛放的小菜四品。其区别在于，贵妃、娴妃、纯妃的三桌十五品群膳用绿龙黄碗盛放，而嘉嫔、陈贵人的一桌用白里酱色碗盛放，海贵人、裕常在的一桌用里外酱色碗盛放。

这次筵席自申正（下午四点至五点之间）开始摆放，酉初（下午五点至六点之间）各宴桌已摆好高头、冷膳。总管李英、谢成等奏过之后，才传旨摆热膳。热膳点心摆毕（尚未摆汤饭），酉初一刻（下午五点一刻），乾隆皇帝御殿升座，家宴正式开始。

首先送上来的是乾隆皇帝的汤饭一对盒：左面一盒为粳米

清道光　黄地绿彩云龙纹碗　故宫博物院藏

清康熙　黄地紫彩云龙纹碗　故宫博物院藏

膳一品、酸奶子一品；右面一盒为卧蛋汤一品、野鸡汤一品。皇帝的汤饭均用三号黄碗盛装。接着送上来的是皇后的汤饭一对盒：左面一盒为粳米饭一品，右面一盒为汤粉一品。最后送上来的是其他妃嫔的一盒汤饭，各用对应花色的碗盛装。

进膳开始，总管太监李英向乾隆皇帝跪献奶茶，乾隆皇帝饮后，才献上皇后及诸位妃嫔的奶茶。

帝后等人饮完奶茶，吃了饽饽，再进酒馔桌。乾隆皇帝的酒馔有四十品，摆成五行，每行八品。主要菜品是关东鹅、野猪肉、鹿肉、羊肉、鱼、野鸡、狍肉、肘子等制成的菜肴及蜜饯、水果等。皇后的酒肴三十二品，其中荤菜十六品，果子十六品。其他妃嫔的酒肴十五品，其中荤菜七品，果子八品。总管太监跪进"万岁爷酒"，乾隆皇帝饮完后，再进皇后、诸位妃嫔等位酒。

家宴最后进果桌，亦是先呈进皇帝，再送皇后和诸位妃嫔。这是记载家宴程序较为详细的一份清宫档案。

家宴菜品

而记载菜品比较详细的则是乾隆四十八年（1783 年）元旦早晨乾隆皇帝与众妃嫔的家宴。皇帝宴桌上的膳品为：拉拉

清　紫漆描金云蝠纹墩式碗　故宫博物院藏

清康熙　酱釉碗　故宫博物院藏

一品（用大金碗）、燕窝挂炉鸭子一品、挂炉肉野意热锅一品、
燕窝芙蓉鸭子热锅一品、万年青酒炖鸭子热锅一品、燕窝苹果
烩肥鸡一品（用八仙碗）、托汤鸭子一品、额思克森一品（此
二品用青白玉碗）、鹿尾酱一品、碎剁野鸡一品（此二品用金
枪碗）、清蒸鸭子鹿尾攒盘一品、羊乌叉一品、烧鹿肉一品、
烧野猪肉一品、鹿尾一品、蒸肥鸡一品（此五品用金碗）、竹
节卷小馒首一品、番薯一品、年年糕一品（此三品用珐琅碗）、
珐琅葵花盒小菜一品、珐琅碟小菜四品。随送浇汤煮饽饽进一
品，燕窝冬笋鸭腰汤进些（汤膳碗用三阳开泰珐琅碗，金碗盖）。
额食六桌：攒糖一品、饽饽十三品、奶子十三品、五福珐琅碗

清　白玉嵌碧玉九格果盒及局部　故宫博物院藏

菜二品，共二十九品二桌；干湿点心八品，一桌；盘肉十三盘，二桌；羊肉二方，一桌。

这次与宴的妃嫔有六桌，桌子用有帷子条桌，每桌拉拉一品、菜四品、饽饽二品、盘肉三品、攒盘肉一品，银螺蛳盒小菜两个。这次早晨家宴地点在重华宫的金昭玉粹，时间则是在辰初，即早晨七至八点之间。

与男眷们的晚宴在乾清宫，未正（即下午两点至三点之间）正式入宴。宴桌的排放档案上也有详细记载：用器皿库的大宴桌一张，挂黄缎绣金龙镶宝石桌帷。皇帝宝座要距离宴桌边八寸五分。先从外面摆起，头路是上面安有象牙牌的松棚果罩四座，两边花瓶一对，中间摆青白玉盘盛的点心高头五品，其点心高头盘足要离前桌边七寸五分；二路是一字高头九品，三路是圆肩高头九品，均用青白玉碗，这两路的碗足离两桌边七寸五分，以上三十三品均安有牌子大花。四路是雕漆果盒二副，盒边离桌里边二尺三寸五分，两边苏糕鲍螺四座，用青白玉小碗……五、六、七、八路各有膳品十品，用青白玉碗。这四十品中，明确知道的有果盅八品、奶子一品、敖尔布哈（奶饼）一品、鸭子馅临清饺子一品、米面点心一品、南小菜一品、清酱一品、糟小菜一品、水贝瓮菜一品。

参加家宴的亲郡王（有的是乾隆帝的叔、侄）与皇子共有六桌，在皇帝大宴桌东边的是睿亲王、诚亲王为头号桌一桌，质郡王、十一阿哥为二号桌一桌，十七阿哥、恒郡王为三号桌一桌；西边是豫亲王（应为裕亲王广禄）、庄亲王为头号桌一桌，仪郡王、十五阿哥（颙琰，即后来的嘉庆帝）为二号桌一桌，定郡王、和郡王为三号桌一桌。亲王阿哥用有帷子的高桌，每桌上有高头五品，用紫漆碗，上安绢花；群膳十五品，用紫龙碗；干湿点心四品，银碟小菜四品。

以上均为冷菜，未初二刻（下午一点二刻）开始摆热膳，待乾隆皇帝在未初二刻五分来到乾清宫坐上宝座后，再向皇帝上汤膳，左边一盒红白鸭子大菜汤膳一品、粳米膳一品，右边是一盒燕窝捶鸡汤一品、豆腐一品。随后向亲王阿哥上汤膳一盒，即粳米膳一品、羊肉卧蛋汤一品。然后上奶茶，之后将茶桌撤下。

接着开始转宴。当时的宴会，皇帝既不与亲王皇子一桌，桌上也没有转盘，所以，他们是以转菜的方式进行。先从皇帝的怀里转起，汤膳、小菜、点心、群膳、果盅、苏糕、鲍螺依次转，然后再转亲王阿哥的。

转宴结束后，开始摆酒宴，皇帝桌上摆四十品，共五路，每路八品。一路荤菜四品、果子四品，二路荤菜八品，三路果子八品，四路荤菜八品，五路果子八品，全部用青白玉盘。亲王阿哥的酒宴桌上，每桌菜七品、果子八品。这些荤菜与果子到底是什么，档案并没有记载。从当时的转宴，我们似可以看

清　黑漆描金缠枝莲团锦纹提盒及其内成套餐具
故宫博物院藏

到血浓于水的亲情。

　　岁末年初的这两天，皇帝有很多的礼仪性活动，而筵宴是最重要的活动内容。皇帝与不同的人筵宴，有着不同的政治内涵：与后妃家宴，以尽夫妻之情，以达阴阳和合；与皇子亲王家宴，以表人伦之大，以寓血脉续嗣；与大臣国宴，以励共护社稷，以祈金瓯永固。（任万平）

野蔬风味亦堪嘉

巡守和狩猎途中的清帝膳食

　　提及清朝皇帝的膳食，最常援引的例证是日常膳食份例。清朝官修政书和正史对皇帝日常膳食份例有明确记载：每日盘肉二十二斤，鸡五只（其中当年鸡三只），鸭三只，羊两只，汤肉五斤，猪油一斤，白菜、菠菜、香菜、芹菜、韭芽共十九斤，大萝卜、水萝卜、胡萝卜共六十斤，苤蓝五个（六斤），冬瓜一个，包瓜一个，干闭瓮菜五个（六斤），酱、清酱各三斤，醋二斤，玉泉酒四两。然而份例并不能代表清帝膳食的全貌，在某些时间与场合，皇帝膳食表现出相当的随意性和灵活性，比如巡守和狩猎途中。

乾隆皇帝的一次野餐

　　谈论巡守和狩猎途中皇帝的膳食，不妨从故宫博物院所藏的郎世宁画《乾隆射猎聚餐图》说起。画绢本设色，款题"乾隆十四年四月奉宸院卿臣郎世宁恭绘"。该画作描绘了乾隆十四年（1749 年）乾隆皇帝一行围猎结束后，在宿营地享受战利品的场面。此画是郎世宁所绘乾隆皇帝狩猎系列画作中的一幅。画面中侍从们正井然有序地忙碌着：三组人司职处理食材（鹿），有的剥鹿皮、分割鹿肉，有的煮鹿肉，还有的在烤鹿肉；一组人手持多穆壶、茶碗在倒饮品；与这些忙碌的侍从形成对比，画面右侧另有两位侍从手捧红漆圆盒和银碗恭候，只等皇帝一声令下，食物即可呈上。画面写实而富有生活气息，是研

清　银镀金龙凤纹多穆壶
故宫博物院藏

究皇帝巡守途中膳食情况的重要视觉资料。从中不难看出满族饮食特点：满族自其先辈即喜食野味，如鹿肉、狍子肉、野猪肉、野鸡、河鱼、蛤什蟆（林蛙）等。烹制方法简单方便，多是大块的兽肉蒸、煮、烧烤，而后以刀解食。

康熙皇帝的美食之旅

亲烤鹿肝

郎世宁画《乾隆射猎聚餐图》形象地呈现了侍从烹制食物的过程，而处于全图中心的乾隆皇帝则盘膝而坐，置身度外。与乾隆帝不同，史料中留下了康熙皇帝自己动手烹制食物的生动资料：

一六九二年九月十六日。皇帝猎获了一只五百多磅的公鹿。两点前后，陛下就吩咐预备晚餐，这是鞑靼人很早吃晚饭的习惯。他亲手处理自己打死的那只鹿的肝。肝和臀部的肉在这里是被看作最精美的部分。他的三个儿子和两个女婿帮着他。皇帝很高兴地把鞑靼人古时收拾鹿肝的方法教给他们。皇帝把鹿肝分割成小片，分给诸子、女婿和身边的一些官员。同时，我也荣幸地从他手里接到一片。每个人都开始仿照皇帝和他的儿子们的样子去烤肉。

以上是曾随康熙帝亲征噶尔丹的法国耶稣会士张诚（Joan Francois Gorbillon）在其日记中记录的一段文字。

清乾隆
粉彩八宝缠枝莲纹多穆壶
故宫博物院藏

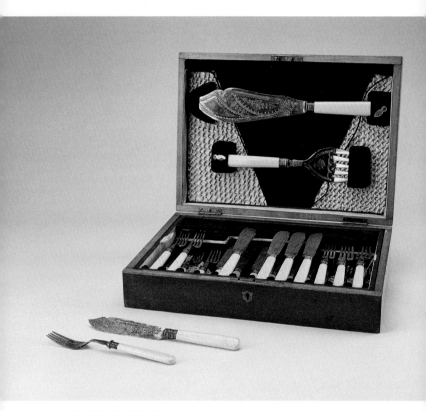

清　白铜刻花塑料柄西餐餐具
故宫博物院藏

清　白釉画花镶银茶具
故宫博物院藏

无独有偶，除张诚的日记外，《康熙朝满文朱批奏折全译》中也载有康熙帝吃鹿肝的事例。康熙四十五年（1706 年）七月，康熙帝在口外捕猎，猎获一只大公梅花鹿，于是取出鹿肝烧烤吃。看来，鹿肝对康熙皇帝来说的确是一种美味佳肴。

喜食鱼鲜

除鹿外，各种鱼鲜对于康熙皇帝来说也是美味。他曾多次亲笔给留守京城的皇太子胤礽、皇三子胤祉讲述在各地吃鱼的情形，大快朵颐的画面溢于楮墨。比如：在黄河之滨的保德，"朕及众人在此食黄河鲜鱼甚足，确实很好"。康熙皇帝所说的黄河鲜鱼，也给扈从出行的张诚留下了深刻印象，这里提到的黄河鲜鱼指的是黄河鲤鱼，因为常食用某种类似于苔藓的水草，所以这种鱼的味道非常鲜美。在罕特穆尔达巴汉，"大概共获鱼九万余条。自朕下至拜牙喇、当差人，每日食鱼矣"。当然，经常食用鲜鱼也使康熙皇帝变得挑剔起来，在其晚年的一次出巡中，因"煎带前来之鱼腥且硬，甚差"，饭上人（与皇帝饮食相关的宫中服务人员，除此之外还有"鹰上人""箭上人""弦索上人"等）关保受到责罚。

巡守不忘美食

就地或就近取材是巡守和狩猎途中清帝膳食的特点之一，

清乾隆　银烧蓝鞘刀（附银叉一个）
故宫博物院藏

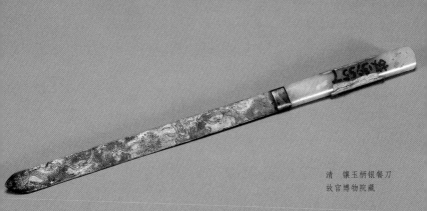

清　镶玉柄银餐刀
故宫博物院藏

这样既能食用纯正地道的当地特产，保证食物鲜美，又避免了补给不及时的状况。

康熙三十五年（1696 年）十一月，驻跸黄河内蒙古段岸边的康熙皇帝在食用喀尔喀羊肉后，认为或许是因这里水土好的缘故，其羊肉异常鲜美。他不愿独享美食，于是亲自持刀剔骨，把羊肉装匣送回京城，与皇太后分享。在康熙皇帝看来，喀尔喀羊肉的鲜美是其他地方无法相比的，所以日后川陕总督博霁、陕西巡抚鄂海奏进西北的同羊（同州羊）时，康熙皇帝讲道："在朕处用喀尔喀羊、乌珠穆沁羊，所以同羊大不如，以后不必进。"

与此同时，水果、面等食物则就近"自宁夏取而食之"。康熙皇帝对宁夏水果、面大为称道："葡萄多而好……梨亦好……面甚好。"康熙帝的品评不仅仅停留在味觉的层面，具有格物致知精神的康熙皇帝，或是观察葡萄的生长情况，"沿大葡萄根皆有小梭子葡萄。前食梭子葡萄，然不知如此生长，实属奇怪"。或是把内务府携带的好面做成饽饽，然后和宁夏面饽饽对比，得出结论："朕等之面黑且硬。宁夏之面白且软，虽多食而易消化。"

有些食物则仍需要由京城补给，比如鸡蛋、蔬菜、水果。康熙三十五年（1696 年）三月，皇太子胤礽给西征中的康熙帝赏送鸡蛋。因经验不足，胤礽最初用柳条篓斗盛放鸡蛋。虽然内部铺糠能保证鸡蛋不晃动，但作为外包装的篓斗相对柔软，硬度不够，外部一受力即被压扁变形，造成鸡蛋破损。再送时，胤祄在内外包装材料上都做了改进：外包装用夹板斗，内部填充物由糠改换为稻壳。如此用心，就是要保证康熙皇帝能够吃到京城的鸡蛋。与鸡蛋一起送去的还有江南红萝卜、本地新白萝卜、新王瓜等。

康熙三十六年（1697年）二月，由大同前往宁夏的康熙皇帝谕知胤祄："此处略热，想食果子。以后每报来，将文旦（柚子）、九头柑（虎头柑）、蜜桃、山茱、春桔、石榴等物装筐封固，以二马驮运来。"胤祄很快备齐了两篓水果，每篓内各装有文旦两个，山茱四个，九头柑八个，石榴四个，春桔四个。唯有蜜桃已用完，大内又没有存贮，只能作罢。

巡守和狩猎途中的清帝膳食与官修政书和正史关于清帝膳食最范式的记录不同，具有相当的随意性和灵活性。这固然和特定时空的食材等客观条件有关，但皇帝本人的饮食习惯、口味喜好无疑也起到了相当重要的作用。巡守和狩猎途中的清帝膳食这一个案提醒我们，在宫廷生活史的研究中，必须全面了解各类不同的资料，才有可能最大限度地还原皇帝生活的真实面目。（关雪玲）

清代御膳的养生之道

　　我们的祖先创造了美食、美味，还探索出饮食与养生的关系。成书于先秦时期的《黄帝内经·素问》中就提出了饮食养生的基本要素——"五谷为养，五果为助，五畜为益，五菜为充"的饮食养生理论，对营养和食物保健的认识已初步形成规模。然而，在封建社会缺衣少食的劳苦大众，为养家糊口疲于奔命，根本顾及不上食物营养和保健，只有历代宫廷御膳才在五味调和、不能偏胜等食物养生方面表现得异常突出。

　　宫廷御膳自周代的"八珍"到明清时的"八珍"，经历了一个由粗至精、由简至繁、由朴至奢的发展过程。内容虽几经变化，但皇帝们对"吃"既追求饮食礼仪，又讲究"始终不渝"的饮食养生，实则是渴望获得健康身体、延年益寿。清代皇帝中得享高寿的两位皇帝——康熙帝与乾隆帝，对膳食保健都有一定的见解。康熙皇帝指出："人自有生以来，肠胃自各有分别处也。"他在《庭训格言》中也说到："凡人饮食之类，当各择其宜于身者"，"每兼菜蔬食之则少病，于身有益，所以农夫身体强壮，至老犹健者，皆此故也"。又说："诸样可食果品，于正当成熟时食之，气味甘美，亦且宜人。如我为大君，下人各欲进其微诚，故争进所得出鲜果及菜蔬等类，朕只略尝而已，未尝食一次也。必待其成熟之时始食之，此亦养身之要也。"康熙皇帝告诫人们在选择饮食时，当选择对自己身体有营养补益的食品，所好之物不可多食。乾隆皇帝在养生保健膳食中，

清　银带盖大火锅
口径 41 厘米　高 37 厘米　故宫博物院藏

身体力行地实践着祖父康熙皇帝的"格言"，在清代皇帝御膳中独具特色。

不时不食

按照满族的传统习惯，皇帝每天有早、晚两膳，早膳在早晨六七点钟，晚膳在下午一两点钟（这里的晚膳实际是午餐）。

在早膳前和晚膳后，各有一次小吃，皇上随传随进。乾隆皇帝的早点很有规律，一年四季，每天早晨起床后，都要先喝一碗冰糖燕窝粥。到了晚上六点多钟，有一次酒膳，就是小吃夜宵，是一些点心和羹、汤等，没有大鱼大肉。这样睡觉前不存食，对身体养生自然是有好处的。

清宫御膳的膳食品种虽然不乏美肴佳馔，但是杂粮蔬菜、山果野味在清宫御膳中也占有重要的地位。无论是日常饮膳还是宫廷筵宴，主食、副食、佐餐小菜等都是以五谷为主，搭配的荤素菜肴、瓜果点心、汤粥酒茶等都是平和之品。如御膳主食——饽饽、粥汤等近百个品种中，杂粮做的食品有：老米面发糕、江米面窝窝、番薯、豆面卷、芸豆糕、高粱米粥、小米粥、大麦粥、绿豆粥等。副食中的豆腐干、豆皮、木耳、蘑菇、金针菜、核桃、榛子、松仁等，更是每膳必备。副食类包括猪、羊、鹿、鸡、鸭、鹅、鱼、蛋，及新鲜水果、蔬菜等，这些食材多是常见的食物，易于消化吸收，"物尽其用"。应该说，皇帝用膳不乏帝王气派，但也并不像人们所想象的那样全是山珍海味。中国第一历史档案馆保存着一本乾隆五十四年（1789 年）的《膳底档》，详细地记载了皇帝春、夏、秋、冬四季的御膳食单，特选几例让我们一睹乾隆帝四时饮食的情况：

二月二十三日早膳：炒鸡，大炒肉，炖酸菜热锅，鹿筋折（折）鸭子热锅，羊西尔占，苹果软烩，蒸肥鸡烧狍肉，醋烹豆芽菜，

清　燕窝
故宫博物院藏

肉丝炒韭菜，象棋眼小馍首，火爆豆腐包子，甑尔糕，梗（粳）米干膳，豆腐八仙汤，银碟小菜，银葵花盒小菜……

五月八日早膳：挂炉鸭子，挂炉肉，野意热锅，山药鸭羹热锅，拌老虎菜，拌凉粉，菜花头酒炖鸭子，小虾米炒菠菜，糖拌藕，江米藕，香草蘑菇炖豆腐，烩银丝，豆尔首小馍首，倭瓜羊肉馅包子，黄焖鸡炖豇豆角，鸭羹，鸡汤馄饨，绿豆水膳……

九月二十一日早膳：燕窝，酒炖鸭子热锅，燕窝葱椒鸭子热锅，燕窝锅烧鸭子咸肉丝攒盘，水笋丝炒肉丝，韭菜炒小虾米，江米肉丁瓤鸭子，螺狮包子，鸡肉馅饺子，万年青酒炖樱桃肉，

清　紫檀边座嵌木灵芝大插屏
长 91 厘米　宽 54 厘米　高 101 厘米
故宫博物院藏
灵芝寓意长寿富贵，用于器物之上，表示对长生的祈盼。

四水膳，萝卜汤，鸡肉馅烫面饺。

十二月十三日晚膳：燕窝松子鸡热锅，肥鸡火爆白菜，羊肚丝羊肉丝热锅，口蘑肥鸡热锅，口蘑盐煎肉，糊猪肉，清蒸鸭子鹿尾，竹节卷小馍首，匙子红糕，螺蛳包子，鸡肉馅烫面饺，咸肉，老米干膳，山药野鸡羹，燕窝攒丝脊髓汤……

（编者注：羊西尔占，满语音译，即肉糜。甑尔糕，甑子蒸出的大米面蒸糕。豆尔首小馍首，即豆馅小馒头。绿豆水膳，即绿豆粥。螺蛳包子，又名螺丝转儿。）

时鲜滋养

在古代人看来，虽然自然界向人类提供饮食资源，但将饮食资源变为人们需要的营养时，人的五脏——肝、心、肺、肾、脾要与四时（春夏秋冬）、五味（辛酸甘苦咸）属性相合。所谓"应季"是指守时令、得节气而生长、成熟的时令蔬果等，这样才能具有自然的清香气息，新鲜营养而富有美味。反之，食不应季，就达不到补精养气、益寿延年的目的。乾隆皇帝的膳食档案记录了饮食顺应季节变化趋利避害的特点：春季阳气易外泄，乾隆御膳中就有酸白菜、苹果、醋烹绿豆菜等菜肴，少食辛辣、油腻的食品；夏季暑热挟汗，容易上火，宜吃凉拌青菜、绿豆粥等清凉苦寒的食品，以清热下泄；秋季人体内湿热难以排出，韭菜、萝卜及酒炖菜等带辛辣味的食品可以助燥，使人体内的湿气排出，调养清肺；冬季是全年最适宜食补的季节，羊肉、猪肉、鹿肉等性温热的菜肴可供皇帝进补，以滋阴壮阳。在不同的季节食用不同的御膳，满足了谷、果、肉、菜的美味，还根据时令、气候对人体阴阳气血和脏腑功能带来的影响进补，中和阴阳。清宫御膳从被动适应到主动适应，在此过程中注意按季节调节饮食，合理搭配膳食，对皇帝的身体健康起到营养调节的作用。

清代，乾隆皇帝本人尤其注重节令膳食合理搭配。每年春天榆树发芽，他要御膳房蒸榆钱饽饽、烙榆钱饼；初夏新麦刚灌浆，他又下旨要吃新麦"捻转"，再有瓠子做的"糊塌子"、绿豆面煎饼、黄米糕等，这些登不了大雅之堂的民间粗食，他都会按时应季地吃一些。

每到夏季，乾隆皇帝都要到承德避暑。是时正值夏蔬收获时节，新鲜的扁豆、萝卜、茄子、鲜蘑、白菜等令皇帝大饱口福。御膳中更是经常以蔬果配菜，如韭菜炒肉、葱椒羊肉、小虾米炒菠菜、拌王（黄）瓜、鲜蘑菇、水烹绿豆菜、口蘑白菜、炒茄子、羊肉炖窝瓜、山药葱椒蹄子、小炒萝卜、火熏白菜头、菠菜炖豆腐、松籽丸子炖白菜、榛子酱、辣椒酱等。主食中也常见酸辣疙瘩汤、萝卜素面、韭菜馅包子、韭菜猪肉烙盒子、羊肉胡萝卜馅包子、猪肉茄子烫面饺等。乾隆四十四年（1779年）乾隆帝在避暑山庄的一餐晚膳如下：

清　银元宝式如意形足火锅
故宫博物院藏

燕窝莲子扒鸭一品（系双林做），鸭子火熏罗（萝）卜炖白菜一品（系陈保住做），扁豆大炒肉一品，羊西尔占一品，后送鲜蘑菇炒鸡一品。上传拌豆腐一品，拌茄泥一品，蒸肥鸡烧狍肉攒盘一品，象眼小馒首一品，枣糕老米面糕一品，甑尔糕一品，螺狮包子一品，纯克里额森一品，银葵花盒小菜一品，银碟小菜四品。随送豇豆水膳一品，次送燕窝锅烧鸭丝一品，羊肉丝一品（此二品早膳收的），小羊乌叉一盘，共三盘一桌。呈进。

（编者注：纯克里额森，又作纯克里额芬，满语音译，即玉米面饽饽；豇豆水膳，即干豇豆与大米煮的粥；羊乌叉，煮熟的羊前腿至后腿的连骨肉。）

这一餐时令膳可谓营养丰富，扁豆和中下气、清暑健胃；萝卜补虚润肺、化痰止渴；茄子清热活血、祛风通络；鲜蘑肉厚细腻、强壮滋补；白菜利小便、解毒、消积滞。乾隆帝临时点加的"拌豆腐"和"拌茄泥"两品菜，清爽可口、消暑解腻。这种良好的饮食习惯，对乾隆皇帝的健康长寿无疑是有着奇妙作用的。

素食养生

在清代宫廷御膳档案中，还有许多关于清代皇帝在宫内食素膳的记载。如遇已故先帝忌日，宫内各处膳房"止荤添素"，御膳房早晚两膳供皇帝食用均为素膳。乾隆三十六年（1771 年）

清　银如意形足火锅
故宫博物院藏

清人绘　胤禛行乐图像册（之一）
故宫博物院藏
图中的雍正皇帝恍若仙人，表现他祈求长生的愿望。

八月二十三日，是雍正皇帝的忌日，乾隆皇帝的御膳是：

　　奶子饭一品，素杂烩一品，口蘑炖白菜一品，烩软筋一品，口蘑烩罗汉面筋一品，油煤果一品，糜面糕一品，竹节卷小馒首一品，蜂糕一品，孙泥额芬（即奶子饽饽）一品，小菜五品。随送攒丝素面一品，果子粥一品，豆瓣汤一品。额食三桌：饽饽六品，炉食四品，共十品一桌。

　　《清稗类钞》记载了乾隆皇帝在苏州、常州品尝素膳的故事。苏州产的"松花糖菇"，经佛寺僧厨烹制后，清香甜嫩，入口即化，是苏州佛寺素菜中特有的珍品佳肴。乾隆皇帝南巡至此，慕名而来，微服私访，特地到寒山寺去品尝僧厨所烹治的素菜。还有一次，高宗南巡，至常州，"尝幸天宁寺，进午膳。主备以素肴进，食而甘之，乃笑语主僧曰：'蔬食殊可口，胜鹿脯、熊掌万万。'"

应季鲜果

　　皇帝御膳之后，食用应季瓜果，也是清代宫廷的特色。如初夏吃桑葚、白杏、枇杷果；仲夏吃西瓜、樱桃、荔枝、水蜜桃；初秋吃葡萄、山奈子；冬季吃桔子、苹果等。这些新鲜水果，有北方产的，也有南方产的。南方距离北京遥远，而且鲜果运输又困难，但是为了清宫皇帝、后妃们吃上新鲜瓜果，创造了"荔枝连根运输"的奇迹。

荔枝产于我国的广东、广西、福建、云南、台湾等省份，以福建荔枝最为有名。清代紫禁城距福建三四千里，在交通不发达的年代，要想吃到鲜荔枝谈何容易！唐代白居易说过，荔枝"若离本支，一日而色变，二日而香变，三日而味变，四、五日外色香味尽去矣"。当地只好把荔枝制成蜜饯或干果上贡，但水果中的营养价值和水果新鲜的味道却大打折扣。为此，清代福建地方官为了让皇帝吃上新鲜的荔枝，不惜付出高昂的代价——他们在荔枝坐果阶段就精选果多、根壮的荔枝树连根移植到大木桶内，然后悉心培养。待果实成熟前，清点挂果的荔枝，然后装船海运至京。负责运送荔枝的官吏在沿途除定时为荔枝树浇水、施肥外，还要保证点过数的荔枝果实不能落下。荔枝树运至紫禁城后，由内务府大臣接手清点后，呈献皇帝。生活在数千里之外的皇帝一家，坐在紫禁城吃到新鲜的南国荔枝，既享口福，又符合"五果为助"的养生理论。

宫廷御膳美馔虽为历代帝王们所享受，但无一不是从民间传至宫廷，是地方名厨的烹饪杰作。可以说，历朝历代的宫廷御膳、皇家菜肴都能代表那个时代中国烹饪技艺的最高水平。同时，宫廷御膳体现出了食物对人体的滋养作用，是身体健康的重要保证。宫廷御膳的食物保证人体有充足的营养供给，使气血充足，保持五脏六腑功能旺盛，很好地实践了合理安排饮食的养生之道。（苑洪琪）

清人绘　胤禛行乐图像册（之二）
故宫博物院藏
图中的雍正皇帝淡然闲逸，远处飞舞着象征长寿的仙鹤，此恰是皇帝追求的意境。

明 边景昭 竹鹤图轴
纵 180.4 厘米 横 118 厘米 故宫博物院藏

明　沈周　桐荫玩鹤图轴　纵 123.8 厘米　横 62.6 厘米　故宫博物院藏
此图表现了一种闲逸恬淡的养生氛围。

美食须美器

清宫藏御用饮食器皿

　　清代美食家袁枚在《随园食单·器具须知》中说："古语云：'美食不如美器。'斯语是也。……唯是宜碗者碗，宜盘者盘，宜大者大，宜小者小，参错其间，方觉生色。若板板于十碗、八盘之说，便嫌笨俗。大抵物贵者器宜大，物贱者器宜小。煎炒宜盘，汤羹宜碗；煎炒宜铁铜，煨煮宜砂罐。"反映了清代"美食须美器"已成为烹饪规则。

　　清宫御膳中使用的餐具，有金、银、玉、水晶、瓷、珐琅、翡翠，以及玛瑙制作的盘、碗、匙、箸等，甚为讲究，是民间市肆无法比拟的。瓷器多是由江西景德镇官窑每年按规定大量烧造。御膳房里的餐具，除瓷器外，金银器也很多。以道光朝

清　永和宫茶房款银匙
故宫博物院藏

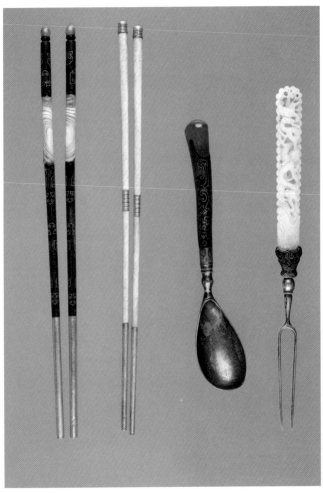

清　镶金筷、镶旧玉紫檀柄银匙、玉柄叉
故宫博物院藏

清人绘　万寿图卷（局部）　纵 45 厘米　横 3939 厘米　故宫博物院藏
图中的"各色果馅饽饽"店铺反映了当时民间的饮食风尚。

清　檀香木"长春宫寿膳房"章
长 3.45 厘米　宽 4.15 厘米　高 3.5 厘米
故宫博物院藏

为例，御膳房里有金银器 3000 多件，其中金器共重 4600 多
两（约合 140 多公斤），银器重 4 万多两（约合 1250 多公斤）。
皇帝日常进膳会用到各式的盘碗，冬天时增设热锅、暖碗，大
宴时的御用宴上大多用玉盘碗。乾隆皇帝还为万寿宴特命制造
了铜胎镀金掐丝珐琅万寿无疆盘碗。此外，皇后、妃、嫔等还
有搭配其地位使用的盘碗，即皇后及皇太后用黄釉盘碗，贵妃、
妃用黄地绿龙盘碗，嫔用蓝地黄龙盘碗，贵人用绿地紫龙盘碗，
常在用五彩红龙盘碗，均为家宴时用，平时吃饭则还要用到其
他的盘碗。

清宫中的饮食活动与御用餐具

清宫饮食活动，包括帝后日常的饮膳生活，年节的饮宴活动、"千叟宴"等在宫中举行的重大饮筵宴席等内容。这些活动，具有礼仪隆重、规格高的特点，是饮食中"礼"文化的生动体现，同时更是宫廷美食、美味、美器之集大成者。

清宫的膳食，分帝后日常膳和各种筵宴。皇帝的日常膳食由御膳房承办，后妃的膳食则由各宫膳房承办。筵宴则由光禄寺、礼部的精膳清吏司及御茶膳房共同承办。御茶膳房包括膳房、茶房和清茶房，其中御茶房和清茶房共有 120 多人，此外还有太监 150 多人。精膳清吏司仅官员就有 160 多人。皇帝平时吃饭称传膳、进膳或用膳，平时吃饭的地点并不固定，多在寝宫或其经常活动的地方。而皇太后、皇后及妃嫔一般都在其本宫用膳，没有特别旨意，任何人都不能与皇帝同桌用膳。

皇帝的各种御宴

清宫中举办的御宴，无论从次数上和种类上，都显得比前代要多而频繁，筵宴的种类也更为繁杂。清宫御宴大概有如下种类：皇帝登基的会元宴，改元建号的定鼎宴，元旦、冬至、万寿节（皇帝诞辰）的三大节朝贺宴，皇太后生日的圣寿宴，皇后生日的千秋宴，皇帝大婚时的纳彩宴、大征宴、团圆宴，皇子、皇孙婚礼及公主、郡主下嫁时的纳彩宴、谢恩宴，各

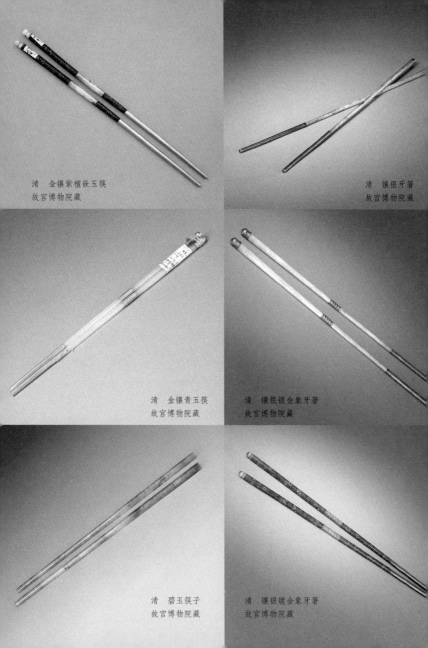

清　金镶紫檀嵌玉筷
故宫博物院藏

清　镶银牙箸
故宫博物院藏

清　金镶青玉筷
故宫博物院藏

清　镶银镀金象牙箸
故宫博物院藏

清　碧玉筷子
故宫博物院藏

清　镶银镀金象牙箸
故宫博物院藏

种节令的节日宴、宗亲宴和家宴，以及无甚特定理由的千叟宴等，此外还有用于军事的命将出征宴、凯旋宴，用于外交的外藩宴，皇帝驾临辟雍视学的临雍宴，招待文臣的经筵宴，用于文武会试褒奖考官的出闱宴，赏赐文进士的恩荣宴，赏赐武进士的会武宴，实录、会典等书开始编纂及告成日的筵宴，等等。即使遇有皇帝、太后、皇后等丧事，宫中也有随宴的奠桌。总之，一年之中大小筵宴不断，名目花样之多，不可胜举。

　　清宫中规模最大的筵宴是康乾时期的千叟宴。千叟宴始于康熙朝，盛行于乾隆朝，嘉庆朝以后便在清宫中消迹了，是清宫中规模最大、参加人数最多的盛大宴会。千叟宴第一

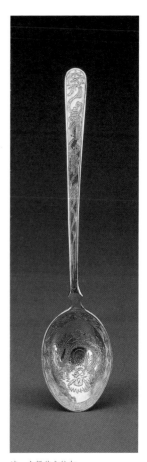

清　金錾花龙纹勺
长 16.5 厘米　宽 3.5 厘米
故宫博物院藏

清　进膳用具　故宫博物院藏
包括碗、勺、筷、刀、叉。

次是康熙五十二年（1713 年）康熙皇帝六十寿辰之时在畅春
园举行的，第二次是康熙六十一年（1722 年）在乾清宫举行的。
两次大宴参加人数均在 1000 名以上，都是 65 岁以上的老人。
乾隆时期在宫中举行的千叟宴，在《养吉斋丛录》中有如下
记载：

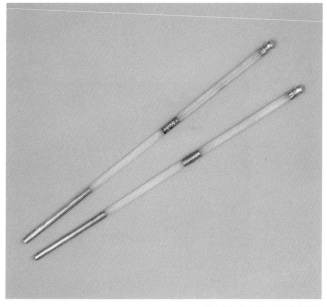

清　青玉镶金筷　故宫博物院藏

御膳房
位于紫禁城东路，
南三所西侧。

养心殿后膳房
约摄于 20 世纪
20-50 年代。

御茶膳房
位于太和殿东侧。
"御茶膳房"职司宫内
备办饮食及典礼筵宴
用酒席。

初御皇極殿開千叟宴用乙巳年茶依

皇祖元韻

歸禪人應詞罷妍新正肇慶合開筵便因皇極初臨日朕於丙申年

為歸政後頤居之所皇極殿即寧壽宮前殿也落成以來已閱二十

年尚未臨御茲既紀元周甲幸符初頒元正授璽子皇帝大典禮成

數天慶洽因諏吉初四日御此殿復照五十年新正乾清宮千叟宴成

之例再舉者延一時鮐壽盈階嵩呼拜舞洵為曠古未有之吉祥盛

事重舉乾清舊宴年教孝教忠惟一篤曰今日昨又旬延敬

天勤政仍晶子敢謂從茲即歇肩

乾隆六十一年歲次丙辰新正月上澣　御筆

清乾隆
木板印弘历千叟宴诗轴
故宫博物院藏

乾隆五十年（1785 年），逢国大庆，依康熙间例，举行千叟宴于乾清宫。宴席以品级班列，凡八百筵，与宴者三千人。用柏梁体，选百人联句。闽人国子监司业衔邓锺岳，年百五岁，自闽至京赴宴，尤为盛事。嘉庆元年正月，再举于宁寿宫之皇极殿，与宴者三千五十六人，赋诗三千余首。列名邀赏而未入宴赋诗者五千余人。是日官一品及年九十以上者，手赐卮酒。高宗恭和圣祖原韵七律一章，仁宗圣制恭和。内廷诸臣俱许依韵。又选文武臣九十六人，仿柏梁体联句。两圣一堂，恩隆礼洽，万古未有之盛举也。是年与宴老民熊国沛，年一百六岁；邱成龙，年一百岁，赏六品顶带。九十岁以上老民八人，赏七品顶带。

无论康熙或是乾隆皇帝时期举行的千叟宴，赴宴者都必须是 60 岁以上的老人。

在这些盛大的宴会活动中，使用的餐具均可反映出宫廷器物的奢华、繁琐、精致，现清宫遗留下来的餐具也有当年曾经使用过的。

清宫皇帝的御用餐具和用膳设备，许多都是要每年更换一次的。在中国第一历史档案馆保存的清宫膳食档案中，有一批记载这方面内容的资料。

乾隆皇帝的御膳器皿

乾隆五十七年（1792 年）十一月十三日的底档——《锡

清乾隆
御笔千叟宴诗
故宫博物院藏

清乾隆　千叟宴诗（共三十四卷）
故宫博物院藏

器册》，记载了乾隆晚期御膳所用的各种锡制器皿以及各种炊具。锡制器皿主要是为乾隆皇帝备供奶茶、白糖、清酱、小菜、酒、清水等的盛具和工具。乾隆六十三（1798 年）年三月二十七日的底档——《家伙库》（"家伙"是对清宫御膳中所用的碗、盘、匙、牙箸、桌张、坫案、㪚单、油单等的总称）记载的"家伙"不仅明确了清宫御膳中使用的各种餐具、膳食设备的样式、质地、种类，而且从其累计的数字中，也可猜测出当时筵宴和膳食用度的规模是如何的盛大。从档案中记载的镀金银铜器看，其质地良好，且数量较少，应是乾隆皇帝亲用。相比之下，白、黄铜器皿数目较多，估计是内廷举办各种筵宴时所用。

清　桦木果盒　面径 32 厘米　厚 20 厘米　故宫博物院藏

嘉庆皇帝的"野意家伙"

"野意家伙"是清宫中对以食用火锅菜肴为主的所用器皿的通称。野意，野味也。清宫中所用的各种野味，主要是东北大、小兴安岭和长白山的特产。"野意火锅"一菜，是清宫御膳中的代表菜，也是典型的满族菜。档案中记载的"野意家伙"，多指制作"野意火锅"这类菜肴时所用的火锅、盘、碟、果盒、火碗、攒盒、方盘、镟子等。制作野意菜肴的主要盛器是火锅，嘉庆四年（1799年）正月的《野意家伙》档案中记载的是银火锅，其中随盘重五十二两的银火锅有两个，净重四十二两五钱的银火锅有一个，还有随座重十三两的银火锅两件，从重量来看应是一种小而精致的火锅。另外，还有宜兴出产的五彩盖锅一对。向清廷进献贡物的规则是必须成双成对，不出单数，这对五彩盖锅有可能就是宜兴地方官向嘉庆皇帝进献的贡品。随火锅的配套器具，档案中记载的则有：

黄瓷六寸盘十七件，黄瓷五寸碟十件，洋瓷梅花果盒一对，银螺蛳碟一件，银小碟四件（共重十八两），碧玉螺蛳碟两件，宣窑白瓷鸡心碗两件，木攒盒一件，红瓷攒盒一对，银镟子六件，锡暖碗六件，瓷八仙碗大小五件，红油捧盒一对。

这些配套器具主要是分装各种野兽肉切片或配料、调料的，有的是传菜用具或是保温器皿。以上记载的器皿性质均为御膳房接纳外地向嘉庆皇帝进献的贡品和后妃们借用回收的器皿，贡品是何时接纳的，器皿是何人借用交回的，都有明确的记载，就连嘉庆皇帝使用过的器皿也要交回记帐。关于嘉庆皇帝使用后交回的器皿，记载有：

六月二十二日收御膳房交花梨木万子春两架（每架内有镶银屉三层，镶银木盘一件，金里瓢杯一只，银里瓢杯五只，乌木箸十双；嘉庆六年三月初十交茶房、膳房每处一架），嘉庆九年十月三十日收：上（嘉庆皇帝）交黄瓷碗大小十件，十二月十七日收：上交洋彩瓷五寸盘十件，洋彩瓷碗十件，嘉庆十年十月十三日：上交红蟒水大碗三件（内毛边一件），青花白地敞口碗八件。

道光皇帝的御用餐具

道光二十三年（1843 年）七月《寿皇殿笾豆供上所用等样器皿底档》中记载道光皇帝的御用餐具包括：

金镶里花梨木碗二十二件（随碗座，金里无成色份量），金镶里花梨木碗六件（随碗座，三等金），六件金里共重五十一两七钱五分；金镶里花梨木碗两件（随碗座，头等金），两件金里共重十八两二钱二分；金镶里花梨木碗四件（随碗座，九成金），四件金里共重三十九两六钱；白瓷盘三百四十六件。共等样器皿三百八十件。

所谓"等样器皿"，即指属于同一类型的餐具。

光绪皇帝的金银玉器餐具

光绪皇帝御用的金银玉器餐具在《御膳房库存金银玉器皿册》中都有记载。光绪朝的清宫御膳，在所用餐具上较之前朝有所发展。这是因为随着外国势力进入中国，西方先进的生产技术也在中国传播开来，这一时期是慈禧太后执政。慈禧太后在饮宴上豪侈无度，对所用餐具也非常讲究，每年宫中都要增添大批精致而贵重的餐具，这就使得光绪朝的御膳房餐具，尤其是金、银、玉质餐具，较之前朝更为丰富且质、量兼优。

这些金银器餐具真可谓洋洋大观，令人眼花缭乱。在清代，如此大量的珍贵食具集萃，反映了当时我国餐具手工艺制作的高超水准，同时也反映了清宫御膳的无比豪华。

清宫御用餐具的来源

在清代宫廷饮食生活中，无论是皇宫的喜庆大宴还是皇帝的家宴，饮食餐具都是不可缺少的一部分。故宫博物院现藏有大量的清代饮食器皿，其中以清晚期为多。藏品种类包括火锅、火碗、一品锅、壶、盘、碗、水氲、碟、酒杯、刀、叉子、箸、茶船、食盒等，器型繁多，种类功能各不相同，有清宫造办处制造的，有民间银楼制造的，还有外省当地制造进贡的。如藏品中有一件光绪款银镀金寿字火锅，底刻款"光绪三十二年（1906年）十月泰兴楼造"，"足纹重六十三两三个"，另有一件光绪二十三年（1897 年）款的银茶壶，上系黄条"银茶壶一把，重二十三两""光绪二十三年六月二十日收首领郭双喜交"，以及一件宣统款银提梁壶，上系黄条"宣统十三年（1921年）九月初五日新收银柿子壶二把"，底款上写："宣统十三年回打，祥，京平重连盖七十一两九钱五分。"另外还有一些银器是作为赏赐用的，如《清宫内务府造办处档案总汇》记载：

乾隆五十八年（1793 年），金玉作，十一月初八日员外郎大达色库掌舒舆催长恒善笔贴式延祥笔贴式来说，太监厄勒里交铜小盒一件（内盛水晶葡萄一支），银盘大小十一件（共重八十两），银壶一把（连盖共重八两），银桃杯二个（共重三两三钱），银吐盂二个（共重七两），银小碟四个（共重十四两）。传旨，着收什好赏十公主，钦此。

清宫中之所以有大量的餐具遗留下来，是与清宫中各种筵宴、祝寿活动的举办有着直接关系的。如光绪二十年（1894 年）慈禧 60 岁大寿期间，宫中要举办极其隆重的"万寿庆典"。为此，光绪皇帝特颁布上谕："甲午年，欣逢花甲昌期（指慈禧六十大寿），寿字宏开，朕当率天下臣民胪欢祝。所有应备仪文典礼，必应专派大臣敬谨办理，以昭慎重。"为了举办这次"万寿庆典"，需要动用大量人力、物力，耗费巨额金银财物。为了宴前筹备事宜，御膳茶房、储秀宫茶膳房等处也要添置大量的宴桌、器皿、炊具、佳肴原料、酒类果品等，其中茶膳房置办金碗、银碗、

清　淡黄地珐琅彩兰石纹碗　故宫博物院藏

金盘、银盘、银锅、银义、银匙等，用银一万三千八百五十六两；置办铜锡器皿一万四千二百余种，用银三万两……上自帝后、王公，下至百官和各省督抚，都要向慈禧太后进献礼品，其中不乏名食珍馐。就这样，清宫中的餐具器皿等物因为一场"万寿庆典"而一下子充盈起来。

清宫御用餐具精选

目前故宫博物院收藏着为数众多的清宫饮食器皿，其精工细致，种类繁多，不可遍述。

现仅选几种较有代表性的饮具介绍如下：

清光绪　银镀金寿字火锅

高 30 厘米　盘直径 24.5 厘米
故宫博物院藏

　　火锅起自辽代，经宋、金元、明至清炽盛，从宫廷到民间，自天子而庶人，多有使用。

　　据金易《宫女谈往录》中载："清宫旧制每年从旧历十月十五起每顿饭添锅子（火锅），有什锦锅、涮羊肉，东北的习惯爱吃酸菜，血肠、白肉、白片鸡、切肚混在一起。我们吃这种锅子的时候多。有时也吃山鸡锅子。反正一年里我们有三个月吃锅子。正月十六日撤锅子换砂锅。"清宫中现存有旧用火锅多件，因其铸造与物主均很明确，故而多显现着皇家独特的高贵。其用料之讲究、做工之精致、造型之完美都为民间同类器所不及。火锅在清宫中又称暖锅，从现存实物看，其质地有金、银、银镀金、铜、锡、铁数种。

　　此件火锅由锅、盖、烟筒、闭火盖组成，锅内带炉，可用于烧炭，锅底配制座盘。火锅的闭火盖上雕有镂空纹及蝙蝠纹，锅体周身錾有金银圆"寿"字、长"寿"字等，寓意"福寿万年"之意。火锅底款有"泰兴楼"作坊名字，可知清宫所用火锅的制造并不是为内务府所垄断，其来源包括内务府官造、购买自民间作坊两种途径。

　　火锅在清代宫廷宴飨活动中是必不可少的。清朝历代皇帝都喜食火锅，常常作为主菜。特别是乾隆、嘉庆年间，宫廷内多次举办"千叟宴"，宴上的主菜亦是火锅。开宴前，在外膳房总理大人的指挥下，依照赴宴者年岁和品级的高低，预先摆设席面，分一等桌和次等桌两级设摆，盛器和肴馔也有显著的区别。在一等桌上宴的，有王公和一、二品大臣、外国使节等，每桌摆设火锅两个（银制和锡制各一）；在次等桌上宴的，有三至九品官员、蒙古台吉、顶戴、领催等。每桌摆设火锅两个（铜制）。此宴共用火锅一千五百五十个，实际上可说是火锅宴。

清　银镀金寿字火碗

高 25 厘米　直径 23 厘米
故宫博物院藏

　　火碗为宫中暖餐具类，是宫廷中用来温热食品的器具。它还有一种用途，就是作为"简便火锅"。火锅可以分为两种型制，除一种为炉内放置炭加热外，还有一种较简便的，称为组合式火锅。后者由火碗、三角支架和小银酒精碗三部分组成，每部分可以分开。

　　此件火碗的碗盖及碗身錾刻有寿字，三角支架设计为如意形，都充分体现出清宫器物纹饰上美好的蕴意。"寿"字，是人们用来祈求长寿的一个图符。自古至今由"寿"字演化的图案达 300 余种。其中有以单字表意的图案，形长者叫"长寿"，圆者称"圆寿"或"团寿"等，也有多字表意的图案，有"百寿图""双百寿图"等，由不同形体的"寿"组成。"寿"字图符在清宫中广泛地运用于日常及礼仪生活中，更有将"寿"字图符用于餐食制作中者。孔令贻向慈禧太后祝寿的四品大碗菜中分别制有"万""寿""无""疆"四字，侍膳四品中则有"寿字油糕"一品。

　　这件银镀金寿字火碗应是用于皇帝寿宴，其做工精致，为清宫典型的御膳器皿之一。

清　锡瓜式一品锅

通高 32 厘米　直径 40 厘米
故宫博物院藏

　　慈禧嗜食暖锅，一年四季暖锅不断。可能因为慈禧的这一爱好，故宫现藏多件式样繁复的火锅。这件一品锅为锡质，锅体与锅盖相合成南瓜形，顶部覆瓜秧、瓜叶形的盖柄。其内屉平放五只镶金边的锡盖碗，锅体外部可插支架放置蘸碟。锅由圆支架支撑，支架下部四个圆形的酒碗，用以煮沸锅内之水。

　　故宫收藏的大型火锅还有方形、双环形、四季角形、八方形等造型，盖柄上的装饰有双夔、狮首、鲤鱼、立凤等，并用珍珠、宝石等镶嵌。这种锅集实用性、观赏性、艺术性于一体，显示出皇家饮食用具的精美华贵。

清　锡方式一品锅

高 30 厘米　边长 34 厘米
故宫博物院藏

　　锡制一品锅，内有碗、碟、盖、座等共 25 件。外观呈正方形，其内有 5 个锡碗，每个锡碗都配有一个錾刻着花卉图案的盖，每个碗下面设有酒精碗，在一品锅四边设有 4 个插孔，并配有 4 个支架，将支架插入孔中以安放 4 个雕刻花卉的小盘，锅身周边刻有各种花卉图案。在锅的底部分别有 4 个象鼻形锅架支腿，用以支撑锅的整体。盖钮为狮子，形象生动。

　　锡制一品锅从整体上造型美观大方，制作工艺精良，具有浓厚的民间风俗特色，是清宫藏锡器制品中不可多得的文物珍品。

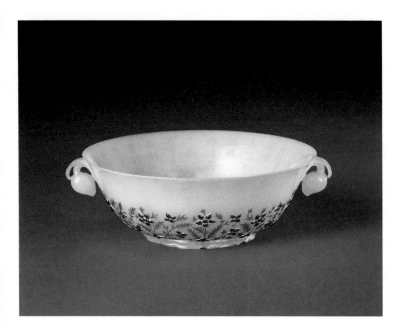

清乾隆　和阗白玉错金嵌宝石碗

高 4.8 厘米　口径 14.1 厘米　足径 7 厘米
故宫博物院藏

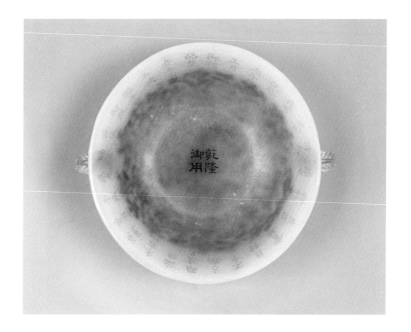

　　清宫中在饮用奶茶时，须配以专用的奶茶碗。此碗选用新疆和阗开采的白玉制作，玉质莹白。器壁薄，口部为圆形，由口及腹斜收。桃形双耳，花瓣式圈足。独具风格的是外壁用108颗精琢的红宝石组成朵朵梅花，枝叶由金片镶嵌而成，使温润莹白的玉碗增添了富贵豪华、繁复华丽之气，令人赏心悦目。腹内壁有阴文楷书乾隆帝御制诗一首：

　　　　　　　酪浆煮牛乳，玉碗拟羊脂。御殿威仪赞，赐茶思惠施。
　　　　　　　子雍曾有誉，鸿渐未容知。论彼虽清矣，方斯不中之。
　　　　　　　巨材实艰致，良匠命精追。读史浮大白，戒甘我弗为。

　　并有"乾隆丙午新正月御题"款识及"比德"印。碗内底正中有隶书"乾隆御用"四字。

　　此碗自乾隆五十一年（1786年）制成后一直为乾隆皇帝所珍爱，并在清宫除夕筵宴中作为进献皇帝奶茶的御用奶茶碗。

清　银龙首奶茶壶

通高 23 厘米　口径 17.3 厘米
故宫博物院藏

在清宫盛大宴席上，为将熬制的奶茶注入碗中，特备有大奶茶壶。此件奶茶壶即其中之一。壶通体银质，以锤鍱、镌刻等工艺制成。盖顶饰覆莲纹，如意宝珠形钮。窄肩，鼓腹，下敛，撇足。下半部錾隐起卷草叶纹。壶柄、壶嘴处以醒目的龙头饰之，吐粗流。此壶器型厚重，风格粗放，錾工挺拔有力，具有少数民族风韵。

清雍正　银提梁壶

通高 10.2 厘米　口径 3.2 厘米
故宫博物院藏

　　此壶呈扁圆形，鼓腹，平底，圆形盖，短流。口上有弓身螭形小提梁，盖与口间有按钮相连，压按钮则盖可开启。壶通体光素，洁净光亮，壶底正中竖刻篆书"大清雍正年制"六字款，款左侧竖刻篆体"矿银成造"四字铭文。

　　故宫博物院收藏此类银壶仅两件，其造型小巧玲珑，螭形提梁形象生动，做工精湛，尤其是壶盖开关处的设计独特巧妙，不知者不易将盖打开。整个壶面虽无纹饰，但独具一格，是雍正朝银器的成功之作，反映出清代金银器加工制作的工艺水平和风格特点。

清 金錾云龙葫芦式执壶

通高 28.8 厘米　口径 5.3 厘米　足径 10.1 厘米
故宫博物院藏

　　执壶为七成金质，成色较好。整体呈葫芦形，圆形口足。壶身通体錾刻云纹，云海中錾二龙戏珠纹。执壶有盖，盖及壶身分别镶嵌珍珠及红宝石、绿松石、珊瑚石、青金石等各色宝石。近足处錾刻海水江崖纹。兽吞式流，流与壶之间有横梁相接。柄为龙形，柄与壶盖之间有金链相连。

　　此执壶的制作采用了錾刻和镶嵌两种工艺，錾刻的图案轮廓线凸起，而镶嵌的珍珠及各色宝石使其显得更加豪华富丽。此执壶有一对，应为皇帝、皇后举行盛宴时的御用酒具。

清 花梨木蟠螭纹镂空提梁食挑盒

高 53 厘米　宽 41.8 厘米
故宫博物院藏

　　花梨木质地，由内屉、外罩构成。五层内屉
呈多边委角圆形，分别盛放银壶、盘、碗、箸等
餐具。附屉盖，盖中心雕刻蟠螭纹。外罩呈八方
委角形。附提梁，其中心处饰铜镀金龙首提环，
紧邻罩盖顶部设一木销子，以束紧食挑盒。

　　此件食挑盒在表现形式上为内圆外方相呼
应，盒罩通体雕刻着"万字不到头"纹饰，巧
妙地寓意"天地和谐、万福万寿"。

　　食挑盒是明清时期颇为盛行的食具，尤其
是野外就餐所必需。此食挑盒用料华贵，做工
精湛，融使用与观赏为一体，充分展示了清宫
对食具式样追求高雅的艺术格调，以及清宫造
办处制作食挑盒的高超工艺水平。

清　银烧蓝暖酒壶

高 9.7 厘米　口径 6.8 厘米　足径 6.8 厘米
故宫博物院藏

　　壶银质，由内壶和外套两部分组成。外套为六棱柱形，六角下各有一足。套身六面分别錾刻梅、兰、竹、菊、荷花等纹样，并施烧蓝珐琅彩。内壶为圆柱形，有流、盖及双提梁，为盛酒器。内壶与外套之间有较大空间，用于盛装热水。温壶使用时，将热水注入外套内，再置入装好酒液的内壶。使用此法烫酒比用炭火直接加热更卫生清洁，且外套中的热水可随时更换，以持续保温。

清　银烧蓝嵌料石餐刀

长 33 厘米　柄宽 3 厘米
故宫博物院藏

　　清代中晚期宫廷中的餐刀质地有金、银、玉、象牙等多种材质。刀柄嵌玻璃料石，其色彩艳丽，富丽堂皇。刀鞘面饰"鹤鹿同春"吉祥图案，鞘上端附有镀金铜环，系黄丝缘带。鞘面以镀金烧蓝工艺制成。烧蓝，又名透明珐琅，是受西方烧制透明玻璃技术影响的工艺品。其制作方法是在金、银或铜胎上均匀地涂上一层透明珐琅，在珐琅下錾阴波浪纹，然后再贴金银花片，经火烧后，珐琅内衬金色纹饰，有透明玻璃的艺术效果。

清雍正　紫檀食盒

高 31 厘米　长 42 厘米　宽 25 厘米
故宫博物院藏

　　食盒为提携式，内分三层屉格，可分层放置不同的食物。食盒盖面及每层四角包铜镀金饰件。提梁之间紧邻盖顶部横贯一铜棍，可以锁闭食盒，使之在运输过程中不会意外开启。食盒通身无纹饰，显示紫檀原木本色魅力，只有位于提梁两侧的紫檀花牙装饰，使整个器物显得古朴典雅。

　　此食盒构造简洁，做工精到，为清晚期宫廷生活器皿之精品。

清 银镀金小碟

高 2 厘米 直径 9.1 厘米
故宫博物院藏

　　小碟呈圆形，浅膛，圈足，通体光素无纹饰。

　　此套银镀金小碟是宫廷御膳时的布碟。清代帝后用膳时，常用小盘做布碟，以盛放果品等小菜品。如《乾隆元年至三年照常膳底档》中记载乾隆皇帝于八月二十六日的早膳时写道："早膳用大银盘摆南小菜一品，熏肉一品，米面小点心一品（俱银碟），已时伺候。"

清雍正　银牌

长 12 厘米　宽 1.8 厘米
故宫博物院藏

牌一端錾如意云头纹，取如意吉祥之意，是清宫中常用的吉祥纹饰。

此银牌为皇帝进膳时试毒之器具。皇帝的膳食由御膳房备办，膳食送到后，皇上并不立即用膳，而是先命太监在每一道菜上放一小银牌，以检验是否有毒，谓之"银牌验膳"。银如遇有毒物质就会变黑（中国古代的有毒物质多为砷化物，可以使银氧化变黑）。验毕，再命太监把每样菜点都尝一点，谓之"尝膳"。确认无毒后，皇帝才开始用膳。

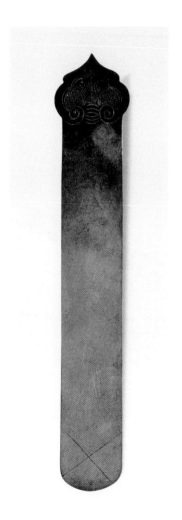

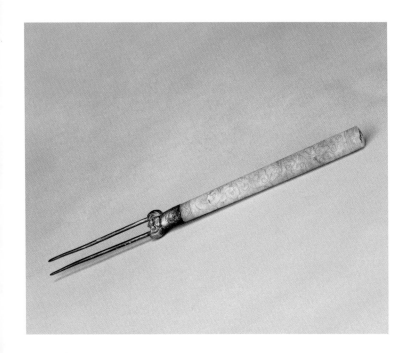

清 翠柄雕勾莲银镀金二齿叉

长 23 厘米
故宫博物院藏

圆柱形翠玉柄，上刻卷草纹，两端刻回字纹。银镀金叉上部装饰双面蝙蝠，其下二齿之间饰一双面古钱。"蝠"与"福"谐音，与古钱配合在一起，图案寓意"福在眼前"，是清宫中常用的吉祥图案之一。

清宣统　银勺

长 19 厘米
故宫博物院藏

　　此银勺为清末宫中使用的餐具之一。在勺柄的背面刻有"宣统"款识，勺的柄端为花瓣如意头的形状，显得十分别致。

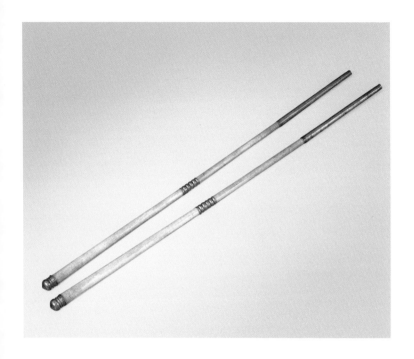

清　金镶象牙箸

长 29 厘米
故宫博物院藏

　　清代后妃用餐具。箸，俗称筷子。此箸为象牙质地，作上下两截，均为圆棍形。两端及中间镶银镀金饰件。象牙与金饰相互映衬，美观大方。

清　玉柄羹匙

长 21 厘米
故宫博物院藏

　　羹匙是宫廷饮食器具之一。此匙造型独特，用料考究，工艺精湛，从一个侧面反映了宫廷生活饮食器具的精美。

清　铜镀金嵌料石葵花果盒

通高 7 厘米　口径 17 厘米
故宫博物院藏

　　此盒葵花式造型，通体錾刻缠枝莲纹，盒面、盒身及底边镶嵌红、蓝玻璃料石。

　　果盒造型美观，錾刻花卉生动，红蓝料石与金光熠熠的盒体交相辉映。清宫在各大筵宴及日常生活中，都选用这类精巧的果盒盛放干鲜果品。

清乾隆　掐丝珐琅万寿无疆中碗

高 6.3 厘米　口径 11.5 厘米
故宫博物院藏

　　碗铜胎镀金，圆形，敞口，圈足。外壁饰相同的四朵莲花及四个圆形开光，开光内分别在宝蓝釉地上饰铜镀金篆书"万""寿""无""疆"四字。碗下部錾刻填釉莲瓣纹一周，口边则錾刻夔龙纹一周。外底阴刻双方框，内刻篆书"子孙永宝"。

　　此器系为乾隆八旬万寿特制，用料名贵，不但具有实用价值，而且有其很高的观赏价值。

清　银咖啡具

壶高 13 厘米　罐高 10 厘米　杯高 10 厘米
故宫博物院藏

　　银质咖啡具分为三件，造型别致。器物的把、盖钮、流、三足均设计成竹节的造型，器身纹饰采用浅浮雕工艺，三件器物的纹饰基本相同，以龙戏珠、花卉、竹叶为饰，咖啡罐上又多了主题纹饰：亭子旁边，二人树下对弈的场景。

　　这套银质咖啡具虽是西方生活方式的体现，但造型和纹饰却属于典型的中国传统装饰题材。

清末民初　银镶框玻璃洗

高 7.8 厘米　长 31.5 厘米　宽 21.7 厘米
故宫博物院藏

　　此玻璃洗内放置银质咖啡具，是中西结合的产物，装饰上既有西方的简约大方，又融入了中国清代人物形象——每件勺柄的顶端均铸有清代官员的造型……这也充分体现出在逊清皇室时代，溥仪身在故宫内廷的同时也体验着现代西方的生活方式。

（王慧）

图书在版编目（CIP）数据

天子的食单/ 程子衿主编. – 北京 :故宫出版社，
2016.8（2021.1重印）
（紫禁城悦读）
ISBN 978-7-5134-0892-9

Ⅰ.①天… Ⅱ.①程… Ⅲ.①宫廷御膳 – 介绍 – 中国
Ⅳ.①TS972-092

中国版本图书馆CIP数据核字（2016）第180190号

紫禁城悦读·天子的食单

程子衿◎主编

出 版 人：	王亚民
责任编辑：	周利楠　伍容萱
装帧设计：	王 梓　梅 子
出版发行：	故宫出版社

　　　　　　地址：北京市东城区景山前街4号　邮编：100009
　　　　　　电话：010-85007800　010-85007817
　　　　　　邮箱：ggcb@culturefc.cn

印　　刷：	北京启航东方印刷有限公司
开　　本：	787毫米×1092毫米　1/36
字　　数：	105千字
印　　张：	5.25
版　　次：	2016年8月第1版
	2021年1月第4次印刷
印　　数：	14001～18000册
书　　号：	ISBN 978-7-5134-0892-9
定　　价：	36.00元